百吃不厌的

简单烘焙

主编○张云甫　　编写○圆猪猪　瑞雅

青岛出版社
QINGDAO PUBLISHING HOUSE

PREFACE

用爱做好菜 用心烹佳肴

不忘初心，继续前行。

将时间拨回到2002年，青岛出版社“爱心家肴”品牌悄然面世。

在编辑团队的精心打造下，一套采用铜版纸、四色彩印、内容丰富实用的美食书被推向了市场。宛如一枚石子投入了平静的湖面，从一开始激起层层涟漪，到“蝴蝶效应”般兴起惊天骇浪，青岛出版社在美食出版领域的“江湖地位”迅速确立。随着现象级畅销书《新编家常菜谱》在全国摧枯拉朽般热销，青版图书引领美食出版全面进入彩色印刷时代。

市场的积极反馈让我们备受鼓舞，让我们也更加坚定了贴近读者、做读者最想要的美食图书的信念。为读者奉献兼具实用性、欣赏性的图书，成为我们不懈的追求。

时间来到2017年，“爱心家肴”品牌迎来了第十五个年头，“爱心家肴”的内涵和外延也在时光的砥砺中，愈加成熟，愈加壮大。

一方面，“爱心家肴”系列保持着一如既往的高品质；另一方面，在内容、版式上也越来越“接地气”。在内容上，更加注重健康实用；在版式上，努力做到时尚大方；在图片上，要求精益求精；在表述上，更倾向于分步详解、化繁为简，让读者快速上手、步步进阶，缩短您与幸福的距离。

2017年，凝结着我们更多期盼与梦想的“爱心家肴”新鲜出炉了，希望能给您的生活带来温暖和幸福。

2017版的“爱心家肴”系列，共20个品种，分为“好吃易做家常菜”“美味新生活”“越吃越有味”三个小单元。按菜式、食材等不同维度进行归类，收录的菜品款款色香味俱全，让人有马上动手试一试的冲动。各种烹饪技法一应俱全，能满足全家人对各种口味的需求。

书中绝大部分菜品都配有3~12张步骤图演示，便于您一步一步动手实践。另外，部分菜品配有精致的二维码视频，真正做到好吃不难做。通过这些图文并茂的佳肴，我们想传递一种理念，那就是自己做的美味吃起来更放心，在家里吃到的菜肴让人感觉更温馨。

爱心家肴，用爱做好菜，用心烹佳肴。

由于时间仓促，书中难免存在错讹之处，还请广大读者批评指正。

美食生活工作室
2017年12月于青岛

目录

CONTENTS

第一章 边学边做 爱上烘焙

第二章 口感不凡 酥脆饼干

第三章 松软可口 香滑蛋糕

第四章 憨态可掬 松软面包

第五章 随心而变 美味小甜品

本书经典菜肴的视频二维码

直接法制作面包

（图文见 102 页）

中种法制作面包

（图文见 103 页）

汤种法制作面包

（图文见 104 页）

蛋白瓜子酥

（图文见 56 页）

轻乳酪蛋糕

（图文见 90 页）

椰蓉卷

（图文见 124 页）

水果奶油泡芙

（图文见 152 页）

第一章

边学边做 爱上烘焙

生活偶尔复杂却也简单，换个角度看世界它就会变得很美。
食物是供给身体能量的必需品，如果花心思对待，
它同样会给你很多快乐的体验与感受。
学会分享，学会满足，学会付出，
烘焙就不仅仅是烘焙，你还会收获得更多。

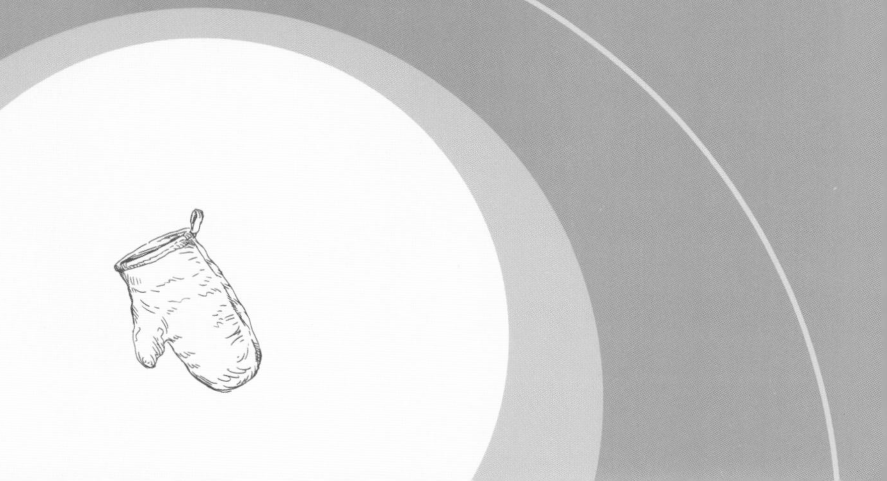

带你认识烘焙原料

西点用料讲究精准，无论是什么品种，其面坯、内馅、装饰、点缀等用料都有各自的标准，各种用料之间都有着一定的比例，不可随意替换、更改。烘焙材料多以乳品、鸡蛋、糖类、油脂、面粉、干鲜水果等为主，具有较高的营养价值。

粉类材料

（保存方式：除酵母外，其他可用胶袋或瓶罐密封，室温保存）

面粉类

①高筋面粉（Bread Flour）：蛋白质含量在12.5%~13.5%，色泽偏黄，颗粒较粗，不容易结块，比较容易产生筋性。适合制作面包、比萨等有嚼劲的点心。

②低筋面粉（Cake Flour）：蛋白质含量在8.5%左右，色泽偏白，颗粒较细，容易结块。适合制作蛋糕、饼干等。如没有低筋面粉可用75克中筋面粉和25克玉米淀粉配制。

高筋面粉、中筋面粉、低筋面粉有何不同?

面粉的种类是以其中的蛋白质含量来划分的，按照蛋白质含量由低到高的顺序，将其分为低筋面粉、中筋面粉、高筋面粉。蛋白质含量越高，其筋性就越高。

面粉的种类	蛋白质	灰分	水分	用途
低筋面粉	8.5%	0.70 %	14 %	饼干、蛋糕及部分甜点
中筋面粉	8.5% ~12.5%	0.55 %	13.8%	馒头、包子、整形饼干等
高筋面粉	12.5%~13.5%	0.70 %	13.5%	一般甜面包、白吐司、餐包等

为什么做蛋糕要用低筋面粉，做面包却使用高筋面粉呢?

使用不同筋性的面粉，会使糕点产生不同膨胀度及硬度。比如制作海绵蛋糕，使用低筋面粉，做出的成品口感柔软，组织富有弹性，外形挺立，不会塌陷。而若使用高筋面粉，会因过强的筋性而抑制蛋糕的膨胀，造成烘烤成品体积小，组织扎实，口感略硬。

面包与蛋糕制作的最大区别在于膨胀的方法。面包是借助充分搓揉使用了高筋面粉的面团，使面团形成网状面筋结构，具有很强的黏性及弹力，可以封锁酵母所产生的二氧化碳，从而使面团膨胀起来。如果使用低筋面粉来制作面团，形成的面筋不仅较少，同时黏性及弹力也较弱，发酵产生的二氧化碳会向外逸出，使得面团膨胀度较低。

膨大剂

① 苏打粉（Baking Soda）：一种化学膨大剂。苏打粉遇水或酸性物质时，会释放出二氧化碳气体，产生膨大作用。面粉或面糊中若含有苏打粉，调制好时应立即进行烘焙，否则当气体流失，膨大的效果就会减弱。因为苏打粉是碱性的，所以常用在制作巧克力蛋糕时使用，以中和可可粉的酸性。

② 泡打粉（Baking Powder）：又称“速发粉”或“泡大粉”，简称B.P，是西点膨大剂的一种，经常用于蛋糕及西饼的制作。它是由苏打粉配合其他酸性材料，并以玉米粉为填充剂的白色粉末。一般市售的泡打粉是中性粉，因此，不能用苏打粉替换。泡打粉在保存时也应尽量避免受潮而提早失效。使用时和面粉一起筛入，不能使用过量，否则会有刺鼻味道。

③ 塔塔粉（Cream of Tartar）：一种酸性物质，可用来降低蛋白碱性，帮助蛋白迅速发泡，并增加打发蛋白的稳定性和持久性。如果没有，也可用白醋和柠檬汁代替，但蛋白的稳定性较差。

④ 酵母（Dry Yeast）：一种天然膨大剂。酵母是拥有多种酵素的微生物，在潮湿温暖的环境下产生的二氧化碳能促使面团膨胀。包子、馒头、面包的发酵膨胀就是靠它来完成的。

其他粉类

① 玉米淀粉（Corn Starch）：又称鹰粟粉，白色粉末，无筋性，可添加在面粉中降低面粉筋性，或少量加入蛋白中增加蛋白的稳定性。

② 无糖可可粉（Cocoa Powder）：含可可脂，不含糖，带苦味。易结块，使用前要过筛。

③ 绿茶粉（Green Tea Powder）：用绿茶磨制的粉末，不含糖，微苦。不易与其他粉类混合，做蛋糕前需要用开水冲成液态。

④ 奶粉（Milk Powder）：本书使用的是雀巢全脂无糖奶粉。常用在蛋糕、面包或饼干中以增加风味。

⑤ 肉桂粉（Cinnamon）：味道强烈的辛香料，添加在点心内以增加风味。

⑥ 鱼胶粉（Gelatine）：又称吉利丁粉，是一种蛋白质凝胶，常用来做慕斯蛋糕及果冻等。

⑦ 澄粉（Wheat Starch）：澄粉是将面粉加工洗去面筋，然后将洗过面筋的水粉经过沉淀后滤干水分，晒干后研细的粉料。其色洁白、粉细滑，做出的面点呈半透明状，如水晶一般。

油脂、芝士材料

① 黄油（Butter）：又称奶油，由牛奶提炼而成，色泽微黄，带淡淡奶香味，是制作饼干、蛋糕、面包不可缺少的油脂。常用品牌为“安佳无盐奶油”。（保存方式：密封冷藏）

② 白油（Shortening）：白色固体，为植物性油脂，多用于饼干或派皮的制作，能使成品口感更酥松。（保存方式：密封冷藏）

③ 马苏里拉芝士（Mozzarella Cheese）：一种淡味奶酪，由水牛乳制成，色泽淡黄，是制作比萨的重要原料之一。制作时要先刨成细丝状，经高温烘烤即会化开，并产生拉丝效果。（保存方式：密封冷冻）

④ 奶油奶酪芝士（Cream Cheese）：牛奶制成的半发酵乳酪，常用来制作芝士蛋糕及慕斯蛋糕。常用品牌为“安佳”牌。（保存方式：密封冷藏，并在一周内用完）

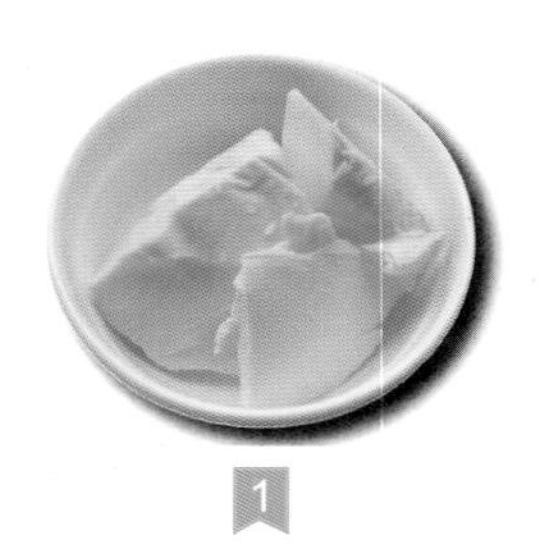
1

2

3

4

⑤ 动物淡奶油（Dairy Whipping Cream）：也称淡奶油，由牛奶提炼出来的，本身不含糖分，白如牛奶，但较牛奶浓稠。用来制作甜点可增加润滑口感及奶香味，打发前需提前放冰箱冷藏8小时以上。（保存方式：密封冷藏，并在一周内用完）

⑥ 植脂鲜奶油（Non—Dairy Whipping Cream）：也称人造鲜奶油，多数含糖分，白如牛奶，但较牛奶浓稠。通常用来打发后装饰在糕点上。（保存方式：冷冻保存，打发前提前取出回温成液态）

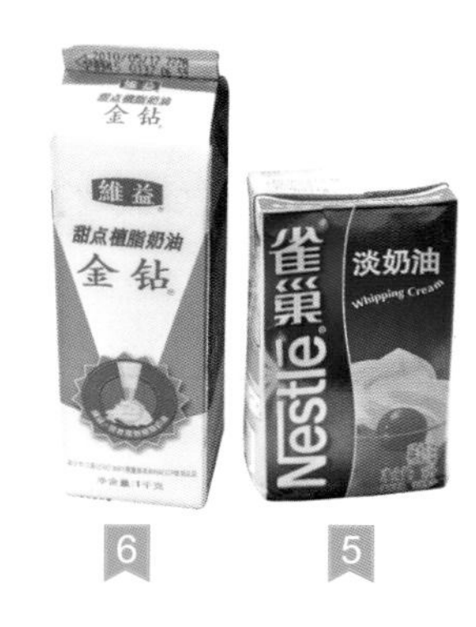

6 5

黄油隔水化开

做一些不需要打发黄油的点心，只需要利用黄油的香味和湿润度，这时就要把黄油隔水加热成液态使用。如果将黄油直接放在明火上加热会造成水分流失，而且明火的温度过高很容易造成烧焦。

隔水加热的方法：取一小锅，在锅内注入半锅清水，开火将水烧至温热。将黄油切成小块，放入一只不锈钢碗内，一边搅拌一边利用热水的温度将其化开。化开的黄油状态类似植物油，但比较浑浊。

油脂、芝士材料如何保存？

油脂、芝士材料一般需要冷藏保存。为方便取用，以奶油奶酪为例，可以进行如下分装。

①1000克装的奶油奶酪，买回后要放入冰箱冷藏保存。

② 分装时，不要把外面的胶袋拆开。将切刀和案板都用热开水浸泡消毒后，将奶油奶酪分割成4份。

③ 用干净的保鲜膜里里外外包三层密封。

④ 分块的奶油奶酪放入干净的保鲜盒内密封，放入冰箱冷藏即可。冷藏保存时间为15~20天。

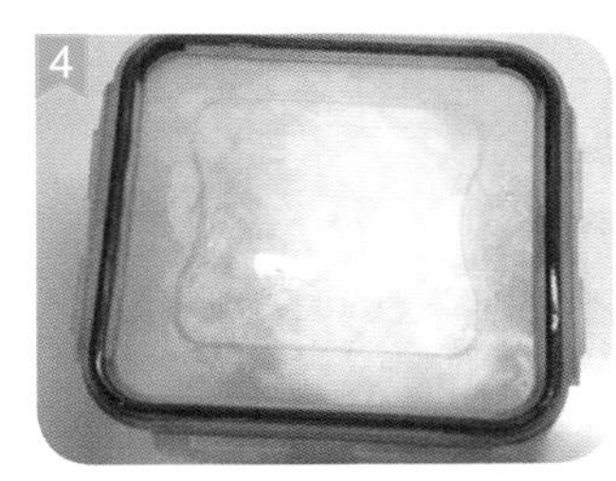

糖类材料（保存方式：用胶袋或瓶罐密封，室温保存）

① 粗砂糖（White Sugar）：颗粒较粗，不容易溶化，通常只用在面包、饼干、蛋糕的表面做装饰。

② 细砂糖（Castor Sugar）：颗粒较细，常用于蛋糕、面包的制作，易于溶化及搅拌。

③ 糖粉（Icing Sugar）：呈白色粉末状，容易溶化，最常用于饼干的制作。如买不到糖粉可用搅拌机将细砂糖搅成粉末代替，搅拌后需用面粉筛过筛。

④ 红糖（Brown Sugar）：又称黑糖，有浓郁的焦香味。因容易结块，需先过筛或用水溶化。

⑤ 麦芽糖（Maltose）：由含淀粉酶的麦芽作用于淀粉而制得，有黏性及麦芽的香味，含糖量较蔗糖低。

⑥ 蜂蜜（Honey）：芳香而甜美的天然食品，常用于蛋糕、面包的制作，除可增加风味外，还可起到保湿的作用。

常用烘焙工具介绍

初学烘焙，首先从认识烘焙工具开始。根据西点制作的流程，我们将烘焙工具分为七大类：测量工具、分离工具、搅拌工具、整形工具、成形工具、烘烤工具、切割工具。下面将逐一为您介绍其使用方法及用途。需要提醒的是，初学者并不需要购买以下全部工具，可根据自己的具体情况进行选购。

量取工具

量匙：酵母、泡打粉等材料所需的量通常较少，用电子秤不易精准地称量，使用量匙量取少量材料会更为方便和精准。

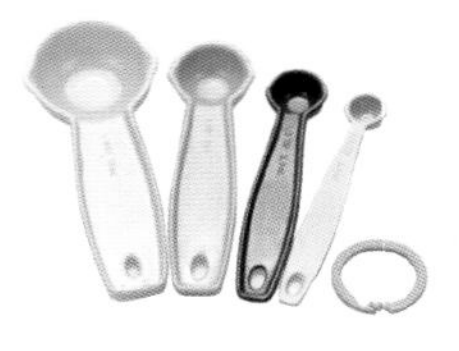

UN31200-南瓜型量匙（4个组）

量杯：可方便地称量各种液体和粉类。

UN31000-南瓜型量杯（4个组）

小贴士

使用量匙或量杯时，材料不可以堆高超出量匙或量杯上平面，要用筷子把材料沿匙面或杯面推平。

电子秤：做好西点的首要条件就是要称量必需品。基本要求是要有电子液晶显示，有去皮功能和归零按钮，反应快，称重灵敏。

UN00100-厨房电子秤

小贴士

称重时要把秤放置在水平且平整的台面上，并保持称上干净无杂物，这样才能精准称量。

测温工具

烤箱温度计：通常烤箱的设置温度和实际温度会出现温差，使用烤箱温度计在烘烤过程中实时监测，会减少因温度不准确而造成的失败。烤箱温度计分为指针机械式和电子式。电子式温度计价格十分昂贵，一般家庭选择指针机械式温度计即可。烤箱温度计因为要长时间放在烤箱里，所以必须要可耐300℃的高温，可快速读数，温度感应强，测量精准。

小贴士

烤箱温度计不是一放入烤箱马上就能测温，而是要放入预热好的烤箱中，等待15分钟后方可测出准确的温度。

UN00300-烤箱温度计

探针式温度计：用来探测糖浆、热水、蛋液、面团等的温度。探针式温度计的测温范围应达到-30～250℃。要选购精准度高、感温迅速的。

红外线测温仪：红外测温仪通过接收目标物体发射、反射和传导的能量来测量其表面温度。比起接触式测温方法，红外测温仪有着响应速度快、非接触、使用安全及使用寿命长等优点。因为无需直接接触物体，可以远距离测温，所以可测量的物体没有限制，人体、烤箱、糖浆、面团等的温度均可测量。

UN00302-红外线温度计

计时工具

电子计时器：家用烤箱并没有准确标明时间刻度，用电子计时器就可以准确地掌握烘焙时间。

UN00200–烤箱型厨房定时器

分离工具

网筛（面粉筛）：不锈钢材质，用来过筛面粉类及一些液体。如果要过筛杏仁粉，则需要选购网眼较粗的。

SN4251–8吋不锈钢粉筛（24目）

小贴士

面粉筛清洗后一定要完全晾干再用，不然粉类遇湿会堵塞网眼。如果急用，不能等待自然晾干，可以把洗过的面粉筛用烤箱烤干。

分蛋器：可以很方便地分离蛋清和蛋黄。

UN32301–分蛋器（绿色）

小贴士

初学者没有徒手分蛋经验的，建议使用分蛋器会比较方便。

搅拌工具

手动打蛋器：用于打发鲜奶油、鸡蛋液及搅拌面糊等。选购时选择使用优质的不锈钢材料制作，钢丝较硬且数量多的。

电动打蛋器：用于打发鲜奶油、蛋白、全蛋、黄油等。选购时要选可持久搅拌、分低中高三挡的。有的打蛋器启动2分钟就自动停机散热，使打发蛋液用时过久，造成制作失败；有的只有中高档位，在需要低速搅拌鲜奶油时容易打发过度。

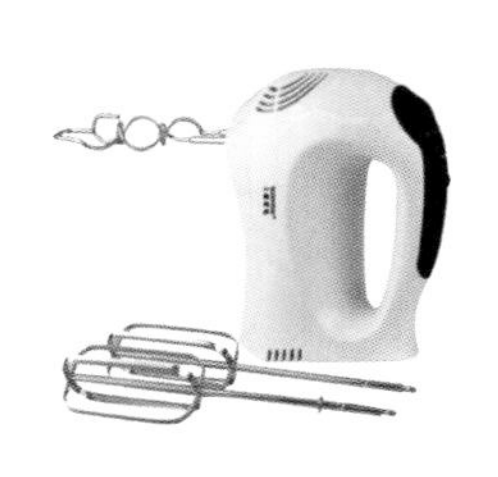

刮刀：可以轻松地搅拌蛋糕糊或者是打发好的奶油，还可以用它将搅拌盆里的材料刮得很干净，不造成浪费。

UN35108–硅胶刮刀

小贴士

市场上的刮刀常见材质分为橡皮和硅胶两种，最好选择硅胶材质，食品工业用硅胶耐受温度范围为－50~300℃，使用起来非常安全。

硬质硅胶铲：可用于搅拌较硬的面糊，还可用于熬煮酱类、糖浆类；既可以在锅底搅拌，也可用于刮干净盆边的材料。

UN35113–硅胶铲

硅胶勺：用于熬煮酱类、糖浆类等，可以在锅底搅拌、刮干净盆边的材料，或者用于代替勺子舀蛋糕糊及奶油等。

UN35109–硅胶勺

打蛋盆：用于搅拌各种食材，或作为打发蛋液、鲜奶油等材料的容器。选购时建议选不锈钢材质的，盆底要有弧形设计，液体材料会自然流到盆底，打蛋头能很好地接触到所有材料，这样材料才容易被打发到位。盆身的深度要够，在打发时才能有效地防止材料飞溅出来。有些搅拌盆底部带有硅胶防滑垫，在打蛋时盆不容易移动，操作更方便。

UN30003–20cm打蛋盆　UN30005–16cm止滑打蛋盆

整形工具

塑料刮板：制作面包、蛋挞、饼干的基础工具，可以用来切割面团、刮平蛋糕糊的表面、刮平巧克力淋面，也可用来刮起案板上的散粉等等，减少操作中的材料浪费。

UN35003–塑料刮板

硅胶刮板：硅胶材质，因里面夹有钢板，所以质地较硬，能拌较干硬的面糊，但不会伤害任何模具或者垫板；弧形设计，贴合度好，刮盆底的奶油或面糊时可以刮得更彻底、更干净。

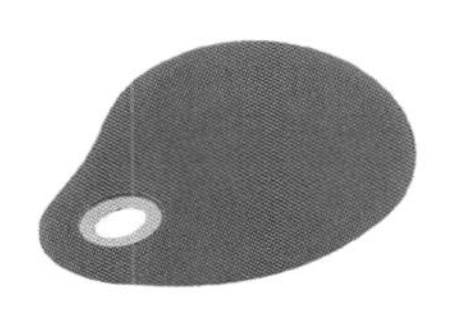

UN35000–硅胶刮板

蛋糕转台：制作装饰蛋糕时，使用转台通过转动的方式，可以更方便、均匀地把奶油抹平整。

UN33000–蛋糕转台（橘黄）

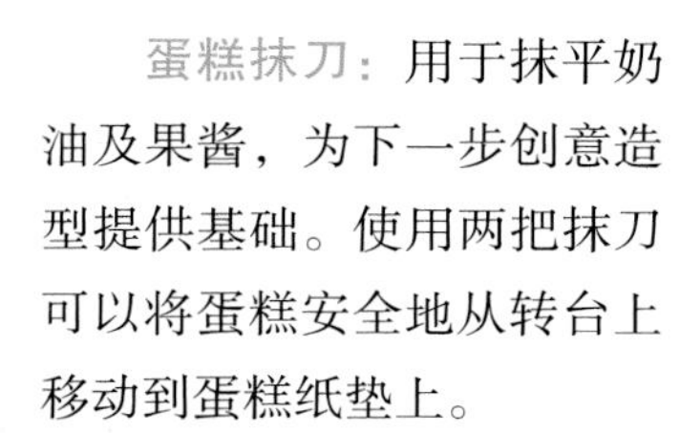

蛋糕抹刀：用于抹平奶油及果酱，为下一步创意造型提供基础。使用两把抹刀可以将蛋糕安全地从转台上移动到蛋糕纸垫上。

UN35210–8吋刮平刀

大小抹刀：用于抹平奶油及果酱，帮助蛋糕抹面做最后修整，帮助清理刮刀上的面糊。

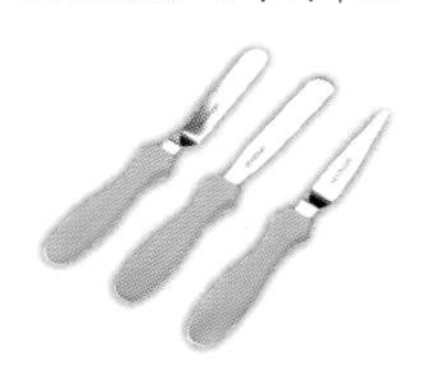

UN35211–刮平刀组(3个组)

烘烤辅助工具

硅胶垫：防粘效果好，易清洗，可反复使用。做蛋糕、饼干、面包时可铺垫在烤盘上防粘，省去涂油的步骤。有一种硅胶垫是印有圆形印记的，可帮助挤出圆而饱满的曲奇和马卡龙，还能协助定位，挤得更均匀。

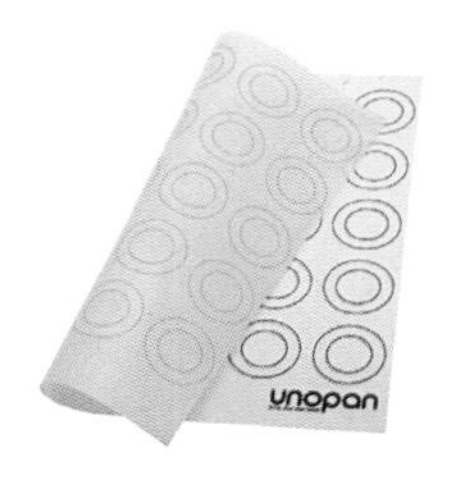

UN29103–马卡龙硅胶烤垫

烤焙油纸：烘焙饼干、蛋糕时铺在烤盘上或模具中，以防止粘盘，也方便拿取。卷蛋糕卷时亦可用。使用一次即可丢弃，不需回收，相当方便。

UN61000–硅油烤箱纸（白色）

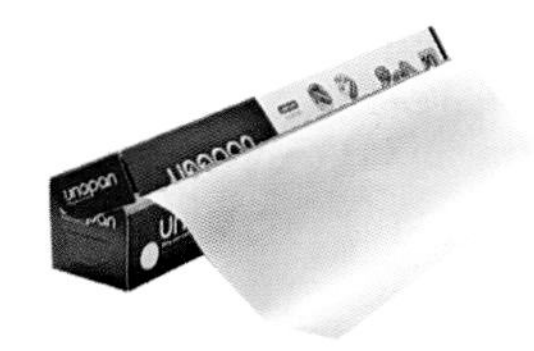

烤焙油布：防粘效果最好，易清洗，可反复使用。但不能折叠以免起痕迹，收藏的时候最好是卷成圆筒存放。

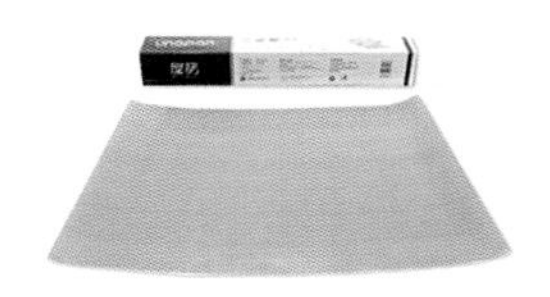

UN29004–不粘布

切割工具

锯齿刀：可用来切割面包、磅蛋糕、戚风蛋糕、海绵蛋糕等。

切割芝士蛋糕和慕斯蛋糕要用普通直板刀。

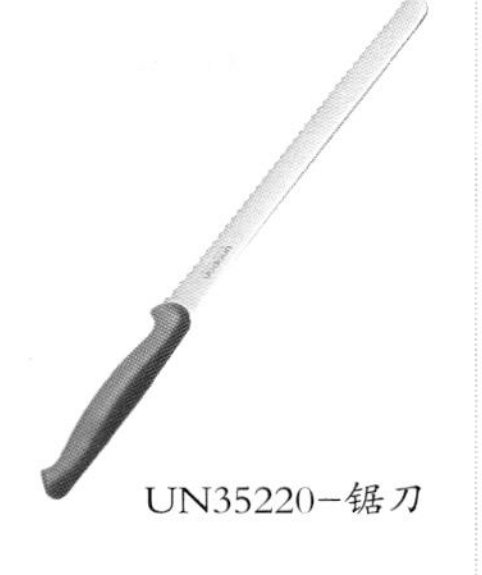
UN35220–锯刀

蛋糕脱模垫：采用玻璃纤维制成的油布，围在蛋糕模具四周，这样脱模就更容易了。

只适合用于磅蛋糕、海绵蛋糕类，不适合用于戚风蛋糕。

UN29002–蛋糕脱模垫

蛋糕铲刀：可用来铲起切件的蛋糕和比萨。

UN35230–铲刀

SN4241–比萨轮刀

轮刀：用于切割擀开的面皮及烤好的比萨。

蛋糕脱模刀：塑料材质制成，用于蛋糕脱模。使用时插入蛋糕模具边缘，沿模具边划一圈，就能把烤好的蛋糕和蛋糕模具分离。

UN35200–脱模刀

雕刻刀：用于做水果雕刻及划割面包。

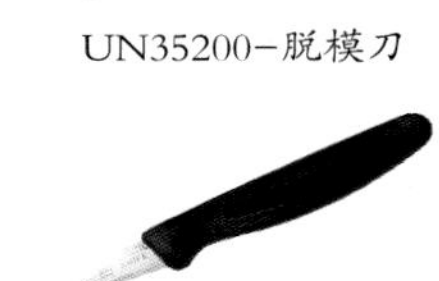
SN4850–整型刀

裱花工具

常用花嘴：

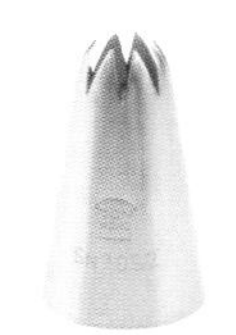
SN7092–8 齿花嘴 –2（中）

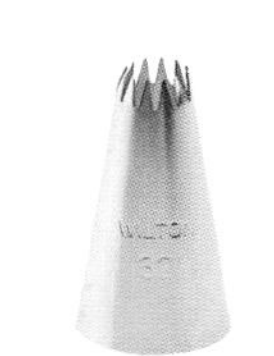
418–32 Wilton 32 号花嘴

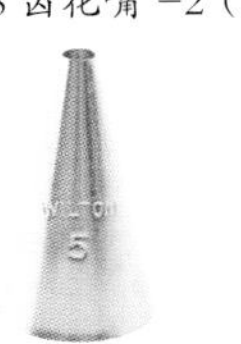
418–5 Wilton 5 号圆口花嘴

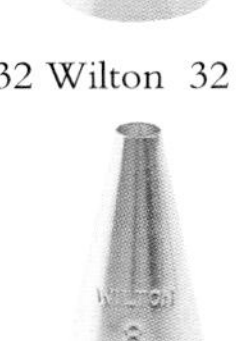
402–8Wilton 8 号圆口花嘴

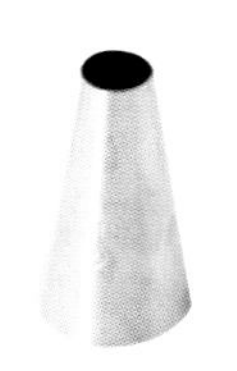
418–10 Wilton 10 号圆口花嘴

裱花袋：

要选择较厚材质的，这样挤面糊时不易破。大号适合挤大量的面糊，如饼干、马卡龙、蛋糕面糊等；中号和小号适合奶油裱花。

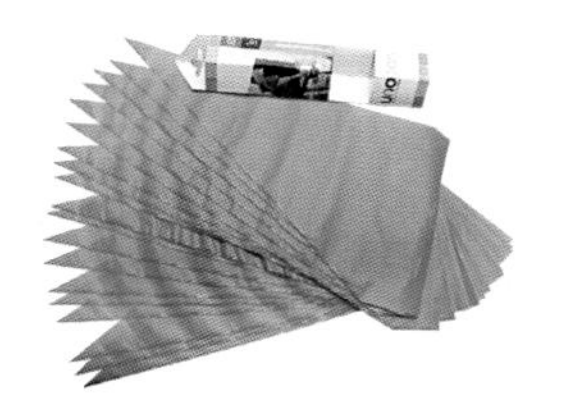
UN55202–16吋裱花袋

常用模具

活底圆模：常用尺寸为18厘米/15厘米，分别与原8吋/6吋圆形活底模具尺寸相近。可制作圆模戚风、海绵蛋糕及磅蛋糕、慕斯蛋糕、芝士蛋糕，活底方便脱模。

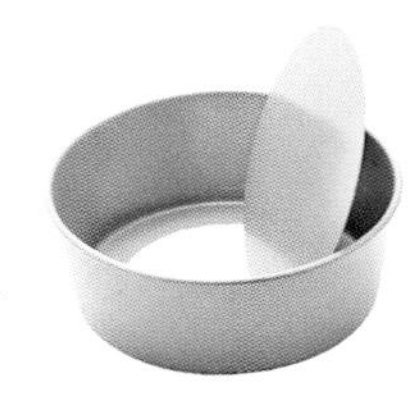
UN16012–20cm圆形活动蛋糕模（双面矽利康）

固底圆模：常用尺寸为18厘米/15厘米，分别与原8吋/6吋圆形模具尺寸相近。固底圆模适合做面糊易漏的液体蛋糕，如布丁蛋糕、反转菠萝蛋糕、芝士蛋糕等。

UN16011-20cm 圆形蛋糕模（双面矽利康）

中空戚风模：常用尺寸为18厘米/15厘米，分别与原8吋/6吋中空戚风模尺寸相近。如果想要做出柔软、含水量高、成功率高的戚风蛋糕，最好使用中空模具，因为中间的中心柱可以帮助蛋糕爬高和中心受热。

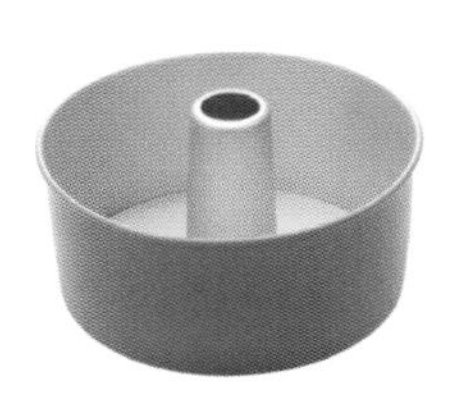
UN16004-15cm戚风蛋糕模（阳极）

长方形不粘模：适合烤制磅蛋糕。最好是选不粘材质的，否则就要先在模具内壁涂抹黄油，并撒些面粉防粘。

UN16102-17cm长方形蛋糕模（双面矽利康）

450克金波吐司模：适合用来做吐司。其金色的不粘层使得面包一点也不会粘到模具上，很容易清洁；而普通的吐司模需要提前涂油、撒面粉以防粘。

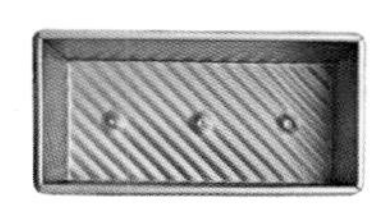
SN2054-450g波纹吐司盒（金色不粘）

方形不粘模：适合大容量的烤箱，一次可以烤较多的饼干和面包。因其防粘效果好，故使用时一般不需预先涂油或铺垫油纸、油布等。

UN10007-方形烤盘（金色不粘）

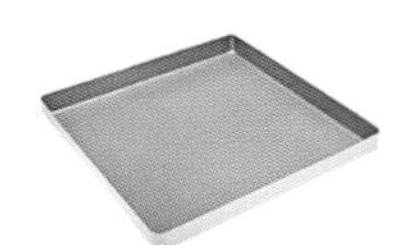
UN10006-方形烤盘（金色不粘）

马芬（麦芬）模：适合制作纸杯状奶油蛋糕、海绵蛋糕、磅蛋糕等。要垫上纸杯使用，拿取和携带都方便。如果直接使用蛋糕纸杯烤制，有些纸杯太单薄，会被面糊压塌而变形。

UN11005-12连麦芬烤盘（双面矽利康）

6连空心模：适合烤奶油蛋糕，防粘效果好。中心部位可填入馅料。

UN11101-6连空心圆模（双面矽利康）

6连南瓜模：适合烤奶油蛋糕、布丁蛋糕。防粘效果好，中心部位可填入馅料。

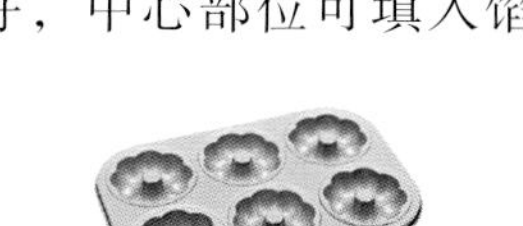
UN11104-6连南瓜模（双面矽利康）

不粘比萨盘：用于做比萨。防粘效果好，不需要涂油防粘。

UN26005-9吋比萨盘（硬膜）

活底派盘：适合做派、比萨。防粘效果好，易脱模。

UN26142-18cm 活动圆形派盘（双面矽利康）

长方形派盘：活底，易脱模，防粘效果好。

UN26121-活动长方形派盘（双面矽利康）

空心布丁模：适合烤布丁蛋糕，或用于做果冻和布丁。

UN20001-空心圆模（双面矽利康）

不粘菊花模：适合做挞、蛋糕、面包。防粘效果好，易脱模。

UN20011-小花蛋糕模（双面矽利康）（4入）

小动物蛋糕模：适合烤奶油蛋糕、海绵蛋糕，易脱模。做出的蛋糕形状可爱，深受孩子们喜爱。

UN20008-小熊模（不粘）

烘烤工具

家用烤箱：宜选购容量25~28升，层数4~5层，可调节上下火温度及时间的烤箱。一般烤箱均自配有烤盘及烤网。

烤箱的选择

①一台好的烤箱，首先外观应该做到密封良好，这样才能减少热量散失，节省能源。

②烤箱的开门方式大多是从上往下开，因此要仔细试验箱门的润滑程度。箱门不能太紧，否则用力打开时容易烫伤人；也不能太松，防止使用中不小心脱落。

③选择适合的功率。烤箱并不是功率越低越好，高功率电烤箱升温速度快、热能损耗少，反而会比较省电。家用电烤箱一般应选择1000瓦以上的产品。

④家用烤箱容量以25升以上为好，常用为35升。

⑤烤箱的层数应有3~5层，若烤箱太小，那么烤戚风蛋糕、吐司时就会因为离发热管太近而容易烤糊。

⑥功能选择。除基本的烘烤功能外，若能带有发酵功能、热风循环功能更佳。

⑦上下火选择。如果条件允许，最好是选择上下火可分别控制的烤箱，烘烤更精准；如果买到的不是分别控制上下火的，可通过调整烤盘位置适当加以调节。

⑧烤箱的隔热性能要好，温度要精准，购买烤箱后，要用烤箱温度计来测试温度。了解自己烤箱温度的“性格”，才能烤出成功的作品。

烤箱的使用和清洁

放置烤箱时注意，应将烤箱放在平稳的、可隔热的水平面上使用，周围要留出足够的空间，保证烤箱表面到其他物品至少有10厘米的距离。烤箱顶部不是储藏空间，不要放物品。

清洁烤箱前记得拔掉插头，等烤箱完全冷却后再进行清洁。使用中性清洗剂来清洁使用过的附件，注意不要用尖锐的工具划伤烤盘。如果看到加热管上沾上了油污，要用柔软的湿布擦洗干净，以免下次用的时候产生异味。

使用烤箱的注意事项

1.烤箱温度：本书提供的烤温及时间仅供参考，即使是同一型号的烤箱都会有些偏差，所以在烘焙过程中，要根据自己的烤箱温度做适当调节。如书上写180℃烤15分钟，您的成品却烤煳了，下次就应该把温度调至175℃或更低。

2.烤箱预热：烤箱达到设定的温度需要一定的时间，为了防止食物受热不均、影响品质，在烘烤前需要提前把烤箱预热一段时间（一般为8~10分钟），让烤箱达到预设的温度。即看到发热管由红色转黑色，表明此时烤箱预热完成，然后再将材料放入烤箱按设定的时间烤制。

不能不知的烘焙技巧

掌握了烘焙过程中的一些小技巧，就能比较轻松地做出美味食物。

室温回温

制作饼干、磅蛋糕、马芬蛋糕时，鸡蛋、牛奶及鲜奶油等液体材料都需要提前从冰箱取出，室温回温。因为如果将过冷的液体材料加入打发的黄油中，会造成油水分离。

面粉过筛

面粉过筛不但可以减少面粉结块的现象，而且过筛使面粉中充满空气，做出来的成品组织会更均匀、细腻。

室温软化

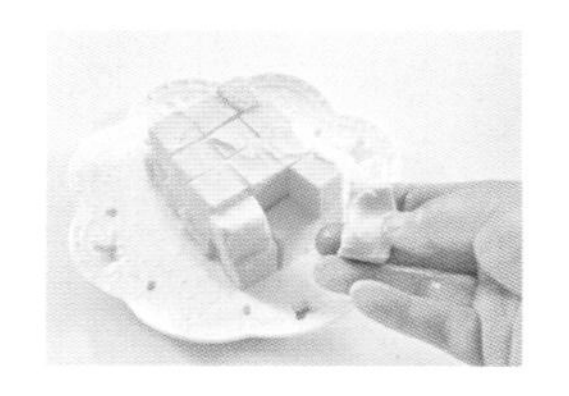

黄油、奶油奶酪这两种东西都需要提前从冰箱冷藏室取出，切成小块放在室温下软化，软化至用手指可以轻松按压出痕迹即可。

模具垫纸

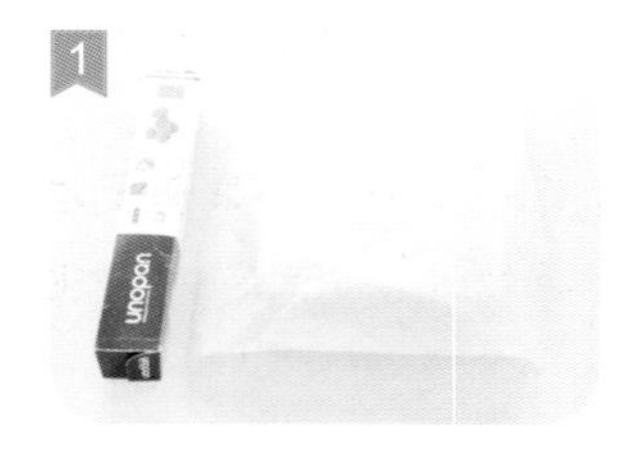

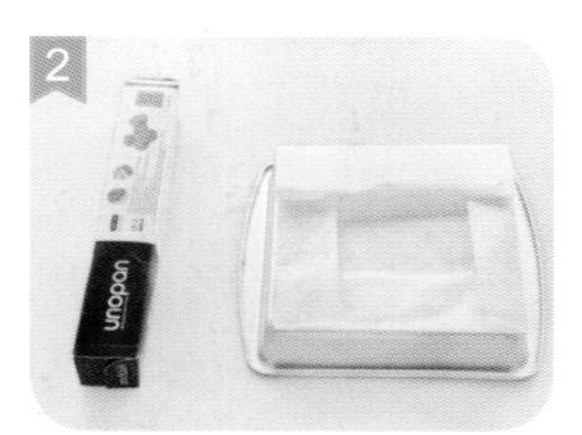

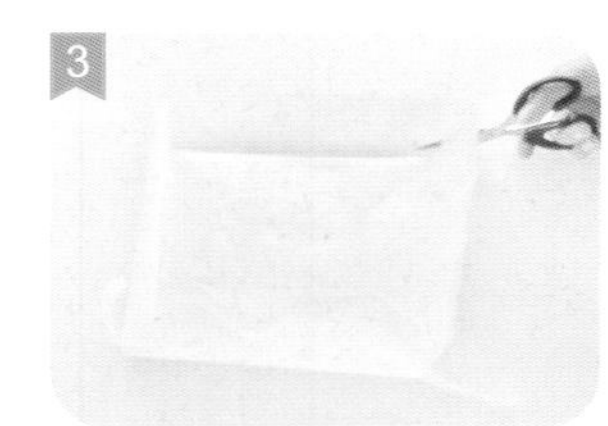

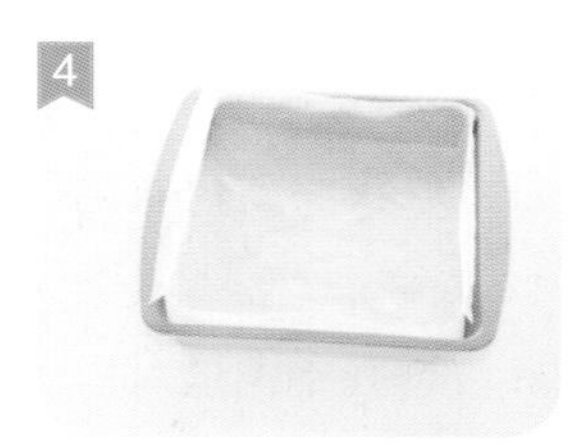

1.把模具反扣在案板上，裁出一张比模底大的油纸。

2.把油纸按着模具的形状，四周折起来。

3.用剪刀把油纸四角剪开。

4.把油纸放入模具内，将四周按折痕折好，在模具周围涂一点软化的黄油，把油纸粘在模具上即可。

隔水加热

化开黄油、巧克力、吉利丁，以及煮某些酱类、给蛋液加温时，都需要隔热水加热，因为如果直接明火加热的话，容易把材料烧煳。

隔水加热时，每种材料所隔热水的温度都不同，具体见下表。

黑巧克力	白巧克力	吉利丁	全蛋液
50℃	45℃	60~70℃	45℃左右
黄油	温度要求不高，化开即可。		

蛋糕脱模

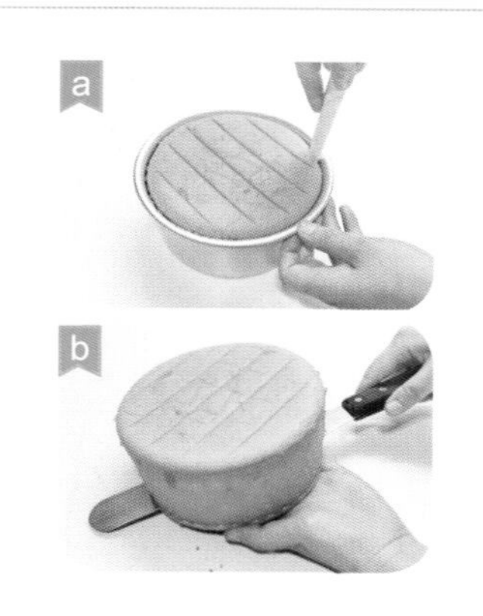

刚烘烤出来的蛋糕，在还没有完全冷却前不要急于脱模，因为这时蛋糕还很软，没有定型，如果急于脱模就会造成蛋糕破碎、残缺、塌陷等。

在确定模具已经不烫时，就可以开始用脱模刀脱模了：沿着模具边缘小心划过（图a），一定要一气呵成，中途不要提起刀具，以免重新插入时破坏蛋糕体。如果是活底模具，将蛋糕从模具中取出后，再用蛋糕抹刀将蛋糕底部从模具下划出来即可（图b）。

如何判断蛋糕成熟

第一：烘烤至闻到香味逸出、蛋糕表面变为黄色时，用手指轻压蛋糕表面，感觉到蛋糕有弹性，手指一压下去就弹回来了，不会留下凹进去的手指痕，说明蛋糕熟了。

第二：马芬蛋糕和磅蛋糕在烘烤过程中，表皮会先烤结实、变硬。这时可以用长竹签插入蛋糕中，如果拔出的竹签上粘有面糊，说明蛋糕还没有成熟。在磅蛋糕上用利刀割开一道口子，有助于将内部烤熟。

烘焙“打发”技法

制作疏松的饼干，要打发黄油；制作细腻松软的蛋糕，要打发黄油、鸡蛋等；还有鲜奶油，更是要打发到不同程度，才能适应不同的需要。

为了方便读者看清材料状态，书中使用了耐高温、抗裂的法国制微波炉专用玻璃碗，如果您是在家里制作，推荐使用不锈钢材质的打蛋盆，要选择较深且容量大的，这样在搅拌的过程中材料不会飞溅得到处都是。

打发蛋白

鸡蛋白中含有一种可减弱表面张力的蛋白质，加入砂糖后可以打发出非常绵密、细腻的气泡，这是使蛋糕膨胀和松软的关键，故打发蛋白是学习烘焙必须掌握的技巧。和全蛋打发相比较，蛋白打发更容易，稳定性也更好。

打发蛋白的注意事项：

1.要选择新鲜的鸡蛋，新鲜鸡蛋的蛋白是浓稠的，而不新鲜的蛋白如清水一般，且容易与蛋黄分离。

2.打发蛋白前要把鸡蛋冷藏1小时以上，因为冷藏的鸡蛋虽然较不易打发，但其稳定性、持久性更好，打发后不易发泡。

3.油脂类会阻止蛋白的打发，所以要确定搅拌盆和打蛋头都是干净、干燥、无油的。分蛋时不要把蛋黄混入蛋白中，因为如果蛋黄中含有油脂，会影响蛋白的发泡。

4.蛋白是碱性物质，通过添加酸性的柠檬汁、白醋或塔塔粉，可以帮助蛋白打发以及中和蛋白的碱性。如果没有也可以不加。

5.细砂糖分次加入。加入细砂糖后再打发，打出的气泡较为细密而且稳定性强；若蛋白中没有添加砂糖就直接打发，虽然可以很快地出现大气泡，但稳定性不佳，会很快消泡。若一开始就将砂糖全部加入，蛋白会产生黏性和弹性，导致打发困难；若打发完后再加入大量砂糖，又会破坏掉已产生的气泡。所以要把砂糖分次加入，每次加入后都要充分搅打，再加入下一次。

6.打好的蛋白霜要马上使用，不能停留太久，否则容易发泡或结块，造成不易和蛋黄糊拌匀，其膨胀力也会减弱。

材料准备：蛋白3颗，细砂糖50克，柠檬汁或白醋少许

操作过程：

此时的状态称为湿性发泡，即六分发。适合做慕斯蛋糕。

此时的状态称为中性发泡，即八九分发。适合做中空戚风蛋糕、蛋卷。

此时的状态称为干性发泡，即十分发。适合做圆模戚风蛋糕、巧克力蛋糕等。

1.将蛋白盛入干净、无水、无油的打蛋盆内，加入几滴柠檬汁。

2.用电动打蛋器中速将蛋白搅打至起鱼眼泡。约需搅打半分钟。

3.加入1/3的细砂糖。

4.继续用电动打蛋器中速搅打，至蛋白体积膨大1倍、起些微纹路时，再加入1/3细砂糖。

5.继续用电动打蛋器中速搅打，纹路会越来越明显，提起打蛋头，蛋白尖端呈下垂的状态。

6.再加入剩余的细砂糖，继续用电动打蛋器中速搅打，会感觉蛋白霜纹路更明显，打蛋器走过会有少许阻力。提起打蛋头，蛋白霜可拉起较长的弯钩状。用手动打蛋器搅拌几下，提起，蛋白霜呈弯钩形。

7.继续用电动打蛋器中速搅打，至手感有明显的阻力，提起打蛋头时尖端是短而小的尖峰，盆底拉起的蛋白霜是直立的。用手动打蛋器搅拌几下，提起，蛋白霜尖峰应是直立的。

错误示范：

千万不要搅打过度，搅打过度的蛋白霜会变成干硬的块状，做出来的蛋糕干燥、易回缩。

搅打过度

打发蛋黄

打发蛋黄做出的蛋糕糊不易消泡，做好的蛋糕组织绵密、细腻，有浓郁的蛋香和很好的保湿性。

打发蛋黄的注意事项：

1.蛋黄容易干燥，所以分离后要及时覆盖保鲜膜。加入细砂糖后要立即搅拌，否则砂糖会吸收水分，造成蛋黄变硬、干燥，溶解性变差，乳化能力也随之降低。

2.在打发蛋黄时，为了让蛋黄更好地乳化，要把蛋黄隔水加温，以帮助打发。隔水加热时水温不宜超过45℃，加热时要不停地搅拌，让蛋液受热均匀，避免热水将盆边的蛋液烫熟。因蛋黄的打发时间比全蛋更长，所以在搅拌的时候要有耐心。

材料准备：蛋黄3颗，细砂糖30克

操作过程：

1.将蛋黄放入干净、无水、无油的打蛋盆内，加入细砂糖。锅内加水烧至45℃左右（用手试一下，感觉略有些烫即可），将打蛋盆放入热水锅中。

2.边加热边用手动打蛋器搅拌至砂糖溶化，蛋液温度达到38℃左右，将打蛋盆从温水锅中取出。

3.用电动打蛋器中速搅打蛋黄，开始时蛋黄液是黄色的。

4.搅打约5分钟时蛋液开始变得浓稠，色泽转为浅黄色。提起打蛋头，蛋液如流水般快速流下。

5.继续搅打，一直打到打蛋头经过的地方会泛起纹路，提起打蛋头时蛋液较慢地流下，流下的痕迹在5秒内缓慢消失，即完成打发。

打发全蛋

全蛋打发，是指将整颗鸡蛋加细砂糖一同打发，比分蛋打发要省事些。

全蛋因为含有蛋黄的油脂成分，会阻碍蛋白的打发，但因为蛋黄除了油脂外还含有卵磷脂及胆固醇等乳化剂，所以在蛋黄与蛋白为1∶2比例时，蛋黄的乳化作用增加，并很容易与蛋白及包入的空气形成黏稠的乳状泡沫，所以仍旧可以打发出细致的泡沫，是海绵蛋糕的主要做法之一。

打发全蛋的注意事项：

1.全蛋打发添加的砂糖会比较多，因为砂糖会使气泡更细密、稳定，所以不要随意减少砂糖的量。

在给鸡蛋加温时水温不要过高，以免把蛋液烫熟。在加热的过程中，要不停用手动打蛋器搅拌，既可使砂糖容易溶化，又可使蛋液受热均匀，否则会使得盆边的蛋液被烫熟，而中心的蛋液还是冷的。

2.打发全蛋所需时间比打发蛋白要长，打发的时候要有耐心，因为每款打蛋器的功率不同，个人打发手法不同，所以不能以时间来定，而要以蛋液的状态来判断是否打发到位。

3.因为蛋黄中含有油脂，会使得气泡难以形成，比单独打发蛋白更为困难，所以打发前需要给鸡蛋加温。这样做，不但可以加速蛋液中的砂糖溶化，而且可以削弱鸡蛋的表面张力，更容易搅打出气泡。

材料准备：全蛋3颗，细砂糖75克

操作过程：

1.将鸡蛋敲入干净的、无水、无油的盆内，加入全部细砂糖。

2.准备一锅清水，烧至45℃左右熄火。若没有温度计，可用手试一下，温度接近于平常洗澡水的温度就可以了。

3.盛蛋的盆放入锅内，隔水加热。

4.一边加热，一边用手动打蛋器搅拌，直至砂糖化开。

5.当蛋液温度达到38℃左右即可将蛋液端离热水。可用手测试温度，接近人体温度即可。

6.此时蛋液是黄色的。用电动打蛋器中速开始打发。

7.打发过程中，蛋液开始变白，泛起较大的气泡，体积膨大1倍。

8.继续打发，这时蛋液更白，气泡变小，提起打蛋头，蛋液流下的速度比较快，流下的痕迹很快就会消失。

9.再继续打发，直到蛋液的气泡变得很细腻，体积膨大至3倍，提起打蛋头时，用蛋液可以画出一个圆润的“8”字形，并在10秒后才消失。这时改为低速，再搅打1分钟，以消除大气泡，使气泡更稳定。

10.打发完成的蛋液，应很光滑、细腻、无明显的大气泡，提起打蛋头时会留下少许痕迹，插入的牙签可以直立不倒，即表示打发成功了。

打发黄油

黄油分为有盐黄油和无盐黄油两种，有盐黄油的保质期较长，无盐黄油则相对较短。我们制作蛋糕通常使用的是无盐黄油。通过打发黄油，可以将它和其他材料混合得更均匀，饱含空气，使得蛋糕或饼干组织更绵密。

打发黄油的注意事项：

1.将黄油软化后就可以打发了，一定不要将其化成液体状，因为一旦黄油化成液体，即使再重新冷却凝固，都会失去以上效果。

2.要加入在室温下回温的鸡蛋，不能直接用冰箱冷藏室取出的鸡蛋。

3.要分次加入蛋液，不能一次性加入。

材料准备：黄油240克，糖粉200克，鸡蛋2颗（约100克）

操作过程：

1.将鸡蛋和黄油提前从冰箱中取出，置室温下回温。鸡蛋打散；黄油软化至用手指可轻松压出手印，切小块。

2.将黄油块放入搅拌盆中，用电动打蛋器低速搅散。

3.根据配方需要，一次性加入糖粉或细砂糖。

4.用橡皮刮刀混合均匀。

5.用电动打蛋器先低速后中速搅打，直至黄油色泽变浅，体积膨大1倍。

6.分次少量加入打好的鸡蛋液。

7.用电动打蛋器中速搅匀，并不时用橡皮刮刀把盆边刮干净。每倒入一次蛋液，都要快速用打蛋器搅匀，直至所有材料搅成乳膏状，再加入下一次。

8.打好的黄油状态：色泽浅白，质地光滑、细腻，如羽毛般蓬松。

错误示范：

一次倒入过多蛋液，或使用了冷藏鸡蛋，会造成油水分离。遇到这种情况可以隔水加热片刻，再用电动打蛋器搅打均匀。

黄油出现油水分离现象

打发动物鲜奶油

动物鲜奶油色泽呈淡黄色，有浓郁的奶香味，口感香滑细腻，入口即化。用于制作甜点，可增加润滑口感及奶香味。

保存动物鲜奶油的适宜温度是5℃以下，故通常将其保存在2~5℃的冰箱冷藏室中。在进行打发及裱花的过程中也都要保持低温环境，一旦超过10℃，其风味和形态就都会受到影响。

打发动物鲜奶油的注意事项：

1.打发用的鲜奶油含脂量应在33%以上。

2.打发前需提前放冰箱冷藏8小时以上。

3.如果是在夏季室温高时操作，则需要将打发鲜奶油的容器放入冰水中，以控制温度，使鲜奶油不会化开。

材料准备：动物鲜奶油200克，糖粉20克

操作过程：

此时状态为七分发，适合做慕斯和木糠杯等。

1.提前把鲜奶油放入冰箱冷藏8小时以上。准备一盆清水并放入冰块。

2.把鲜奶油、糖粉装入盆内，再连盆一起放入冰水盆中。

3.隔着冰水，用电动打蛋器中速搅打，开始的时候鲜奶油是液体状的。

4.逐渐变得浓稠如酸奶一般，提起打蛋头时滴落的奶液会留下痕迹。这时要转成低速搅打，以免不小心打发过度。

5.搅打至打蛋头移动时会留下轻微纹路，用手动打蛋器搅拌几下提起，尖峰呈下垂状。

6.继续用电动打蛋器低速搅打，至纹路越来越明显、电动打蛋器移动时感觉有阻力时停机。

7.用手动打蛋器搅拌几下，提起打蛋头，顶端是直立的尖峰。

8.继续用手动打蛋器搅拌几下，至奶油变得更加坚挺，鲜奶油会成团缠在打蛋头上。

9.裱花袋安上适合的花嘴（图示为418-16Wilton16号花嘴），灌入打至十分发的鲜奶油，可裱出多种花形。

此时状态为八分发，适合做蛋糕抹面。

此时状态为十分发，适合做一些简单的裱花。要注意，此时很容易打发过度。

错误示范：

因为打发动物鲜奶油时容器底部没有垫冰块，温度太高，造成奶油变成像豆腐渣一样的状态。

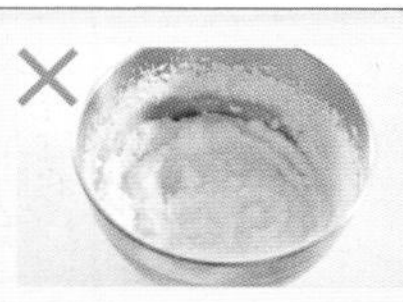

鲜奶油变得像豆腐渣

第二章

口感不凡 酥脆饼干

小麦粉的原味芬芳，黄油的浓郁，可可与抹茶的香气……

它们轮番环绕在鼻尖，总让人有种莫名的安全感。

喜欢下厨房的人，每次烹饪，都是与食材谈了一场恋爱。

很享受朋友和家人在尝到自己手艺后满足的表情，很甜蜜。

如同甜点本身的感觉，

甜而不腻，只带来身心与味蕾的愉悦。

皇家曲奇

参考分量：23块

主要工具：厨房秤、面粉筛、16厘米打蛋盆、橡皮刮刀、电动打蛋器、大号裱花袋、8齿花嘴、不粘烤盘、马卡龙硅胶烤垫、烤箱、烤架

材料

材料	用量
黄油	80克
细盐	1克
香草精	1/4小匙
糖粉	50克
曲奇饼干粉（或低筋面粉）	115克
奶粉	5克
动物鲜奶油（或全蛋液）	42克

准备工作

① 将奶粉、曲奇饼干粉用面粉筛筛在干净的盆中。

② 动物鲜奶油（或鸡蛋）提前从冰箱取出回温。

③ 将黄油提前从冰箱中取出，切小块，在室温下软化至完全变软。

小贴士

- 动物鲜奶油温度要达到25℃，若达不到可隔30℃热水加热。如果鲜奶油温度太低，会使黄油变硬，挤面糊时会很困难。
- 如果怕操作时黄油凝固，可以在面盆下垫一盆温水。

做法

将软化好的黄油用电动打蛋器低速打散。

加入糖粉、细盐、香草精，用电动打蛋器先低速再中速搅匀。

分2次加入动物鲜奶油，每加一次都用中速搅打均匀，再加入下一次。

打至黄油体积膨大1倍、色泽变浅黄时，加入过筛的粉类。

用橡皮刮刀将油类和粉类拌匀，至看不到面粉。

裱花袋上装上裱花嘴。

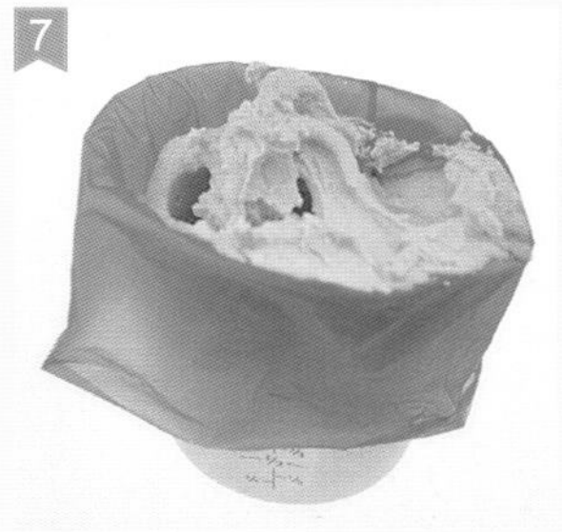

裱花袋套入一个高的杯子里，装入饼干面糊。

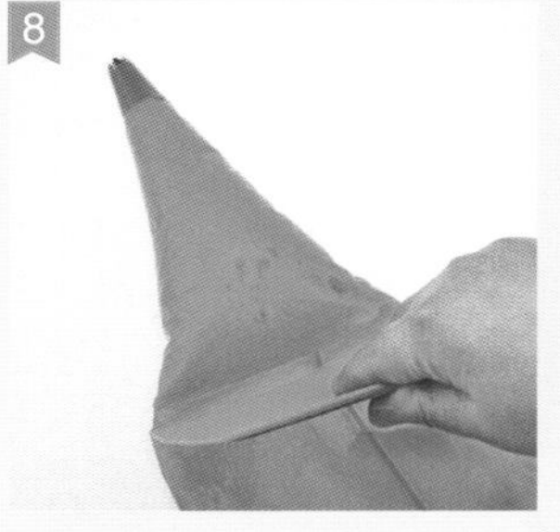

用刮板将面糊推向花嘴方向。

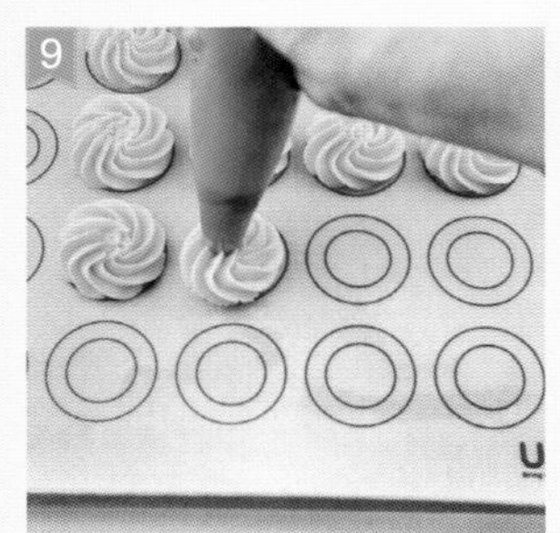

烤盘上垫上硅胶烤垫，左手握裱花袋，右手用力挤，顺时针方向挤出圆形的曲奇。

挤好曲奇互相之间要保持一定的间距，因为烘烤时饼干会膨胀。

烤盘放入预热的烤箱中层，以170℃上下火烤23分钟。

烤好的饼干移至烤架上放凉，就会变酥脆了。

小贴士

- 最后5分钟上色很快，要在烤箱旁边看着，一旦看见上色，就要马上取出来。若你喜欢略糊的（即火大的）饼干，可以稍多烤几分钟。
- 如果放凉后仍然不脆的话，要重新放入烤箱，以150℃烘烤5~10分钟。

花生核桃饼干

参考分量：30个

主要工具：筛子、手动打蛋器、叉子、烤箱

材料

低筋面粉120克，无盐奶油40克，花生酱50克，黑糖50克，朗姆酒7毫升，鸡蛋2个，核桃30克

做法

① 无盐奶油放置室温回软；鸡蛋打散；低筋面粉过筛；黑糖结块的部分压散。核桃放入烤箱以150℃烤7～8分钟后取出，放凉后切成碎粒。

② 无盐奶油切成小块，放入黑糖后用打蛋器搅打至乳霜状。

③ 继续加入花生酱搅拌均匀。分次加入打散的鸡蛋及朗姆酒，用打蛋器搅拌均匀。

④ 加入低筋面粉搅拌均匀。

⑤ 将混合物整形成团状。

⑥ 将核桃碎加入其中混合均匀。

⑦ 将搅拌好的面团用手捏一小块搓揉成圆球状（约15克），间隔整齐地放入烤盘中。

⑧ 用手将圆球状面团压成厚约0.3厘米的圆片，并用叉子在面片表面压出十字印痕。将圆面片放入已经预热到160℃的烤箱中层，烘烤约15分钟即可。

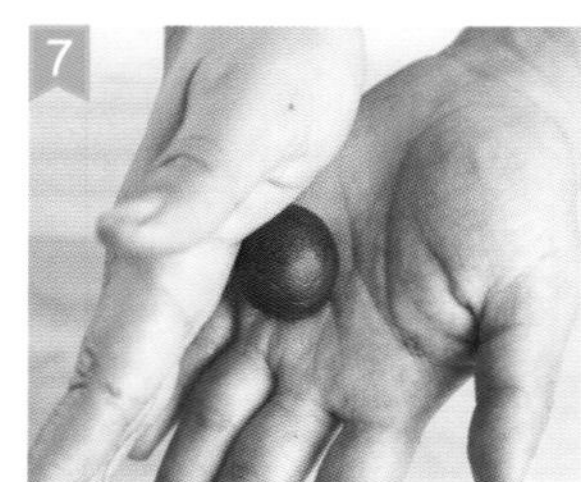

奶油曲奇饼干

参考分量：20个

主要工具：筛子、打蛋器、橡皮刮刀、裱花袋、裱花嘴、烤箱

材料

黄油170克，色拉油30毫升，糖粉140克，盐1克，鸡蛋100克（约2个），低筋面粉300克（过筛），奶粉30克（过筛）

做法

① 黄油提前放置室温下软化。黄油软化后加入糖粉、盐、色拉油，用打蛋器搅打至体积膨胀、颜色发白。

② 鸡蛋打散，将蛋液分3次加入黄油混合物中，充分混合后再加入下一次。

③ 搅打至混合物细腻、有光泽。

④ 加入过筛后的粉类，用橡皮刮刀翻拌成无干粉的面糊。

⑤ 装入带有8齿裱花嘴的裱花袋中。

⑥ 在烤盘上均匀地挤出自己喜欢的花状，将其放入提前预热好的烤箱中层，上火180℃，下火130℃，烘烤20分钟，至饼干表面呈浅黄色时即可出炉。

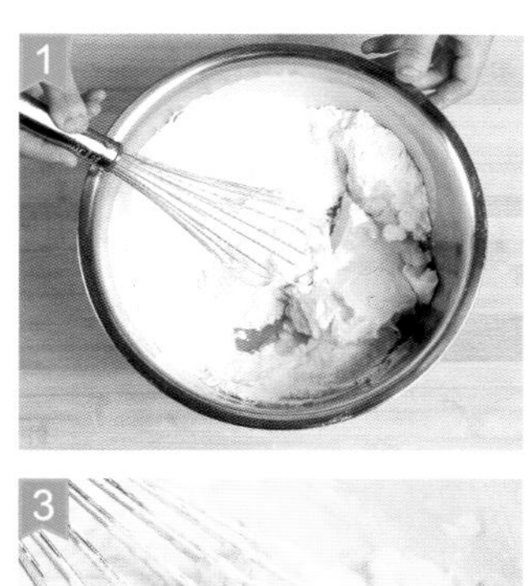

玛格丽特小饼

参考分量：18片

主要工具：手执面粉筛、电动打蛋器、橡皮刮刀、刮板、烤箱

材料

A：黄油 60克

糖粉 30克

低筋面粉 50克

玉米淀粉 50克

B：鸡蛋黄 1个（水煮鸡蛋取出蛋黄）

做法

① 用凉水煮熟鸡蛋，剥壳取出鸡蛋黄，放入手执面粉筛用勺压成粉状。

② 将低筋面粉、玉米淀粉、蛋黄粉混合，用手抓捏使之混合均匀。

③ 黄油切小块，于室温下软化后，用电动打蛋器以低速打散。

④ 加入糖粉，先用电动打蛋器以低速打至混合。

⑤ 当糖、油混匀后，转高速打至黄油体积膨大一倍，色泽转浅白色。

⑥ 将所有粉类放入打发的黄油内。

⑦ 用手抓捏，使粉、油混合，一开始会呈现偏干的状态。

⑧ 到粉、油完全融合，即成饼干面团。

⑨ 将面团搓捏成长条状，再用刮板切割成18份。

⑩ 用双手将面团搓成均匀的圆球形。

⑪ 将圆球放上烤盘，用大拇指在中间按扁，边缘裂开。

⑫ 烤箱预热后，以上下火、165℃、上层烤20分钟。

小贴士

· 鸡蛋要煮到全熟，这样蛋黄才比较干爽，容易压成泥。

· 在进行第二步时，要有耐心地将蛋黄和面粉类混合均匀，让混合物的色泽一致。

· 烤饼干时，最后5分钟要在一旁照看着，发现饼干上色后要马上取出来，以免上色过深。

原味曲奇

主要工具：搅拌器、网筛、裱花袋、烤箱

材料

黄油220克，糖粉80克，鸡蛋1个，细盐2克，低筋面粉275克

做法

① 将黄油和糖粉放在容器中用电动搅拌器搅拌打发。容器中分次加入鸡蛋液后充分搅拌均匀。

② 加入细盐和低筋面粉，先慢速搅拌，再快速充分搅拌均匀。

③ 将搅拌好的蛋面糊装入裱花袋中，挤在铺有高温布的烤盘中。

④ 将饼坯放入预热的烤箱中，上火200℃、下火160℃烤13分钟至表面金黄即可。

海苔苏打饼干

主要工具：筛子、擀面杖、烤箱

材料

酵母1克，小苏打1克，低筋面粉120克，全麦粉55克，盐1.5克，绵白糖10克，黄油25克，水85克，海苔粉12克

做法

① 将低筋面粉和小苏打过筛后与酵母、全麦粉搅匀，再加入盐和绵白糖，搅拌均匀。接着加入黄油、海苔粉和水，一起拌成面团，并将面团用塑料纸包起来松弛1.5小时。

② 待面团膨胀后，将其擀开至1毫米厚。

③ 在擀开的面皮表面用叉子打上小孔。将面皮切成长 5厘米、宽 3厘米的四方块。

④ 将饼干坯放入烤盘，常温松弛20分钟。将烤箱以上下火200℃/170℃烘烤15分钟左右即可。

苏打饼干

主要工具：刮刀、烤箱、保鲜膜

材料

材料	用量
酵母	5克
温水	150克
低筋面粉	300克
盐	1克
小苏打	1克
黄油	60克

做法

1. 将酵母与温水一起搅拌至酵母溶解。

2. 将盐、低筋面粉和小苏打一起加入，充分搅拌均匀。

3. 加入黄油，搅拌成光滑的面团。

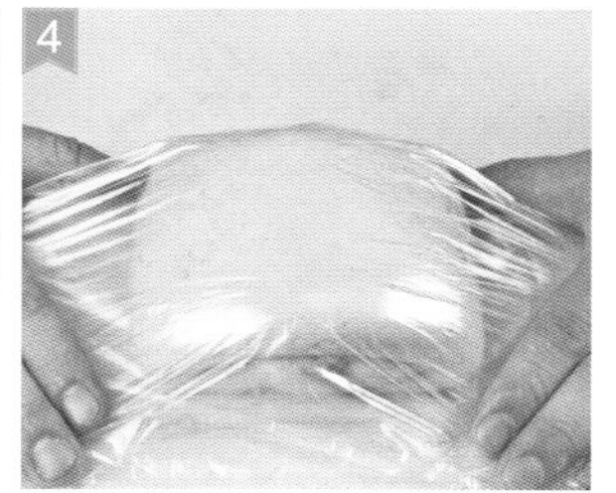

4. 用保鲜膜包好面团，常温下松弛1小时，松弛完成后将其擀开至1.5毫米厚。

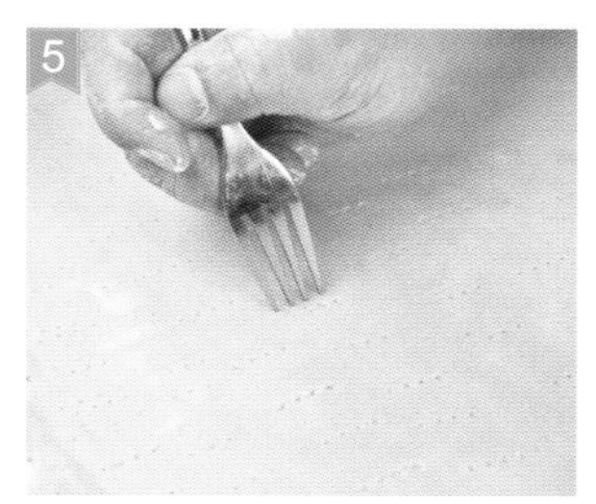

5. 用叉子在面皮表面打上小孔。

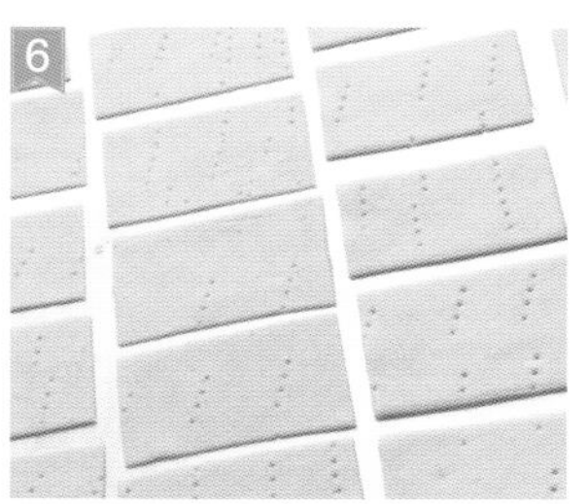

6. 将面皮切成长7厘米、宽5厘米的四方块，摆入烤盘内。

7. 在饼干坯表面喷上适量的水，并撒上盐，在常温下松弛25分钟左右。

8. 以上火220℃、下火200℃烘烤约7分钟，待表面上色后即可取出。

香酥芝士球

参考分量： 17个

主要工具： 电动打蛋器、橡皮刮刀、面粉筛、硅胶垫

材料

黄油	50克
糖粉	35克
卡夫芝士粉	25克
盐	1/8小匙
低筋面粉	85克

做法

① 黄油软化后用电动打蛋器低速搅散，加入糖粉、盐手动拌匀，转中速将黄油打至膨胀。

② 加入芝士粉，再加入过筛低筋面粉用橡皮刮刀拌匀。

③ 拌好的面糊用双手以抓捏的方式捏成面团。

④ 用手将面团捏成长条，再均分成17等份。

⑤ 用双手将分割的面团搓成圆球形。

⑥ 在表面蘸上少许芝士粉装饰。

⑦ 将芝士球生坯放在垫有硅胶垫的烤盘上，中间预留少许空隙。

⑧ 烤箱预热，以上下火、165℃、中层烤15分钟，再移至上层烤10分钟。

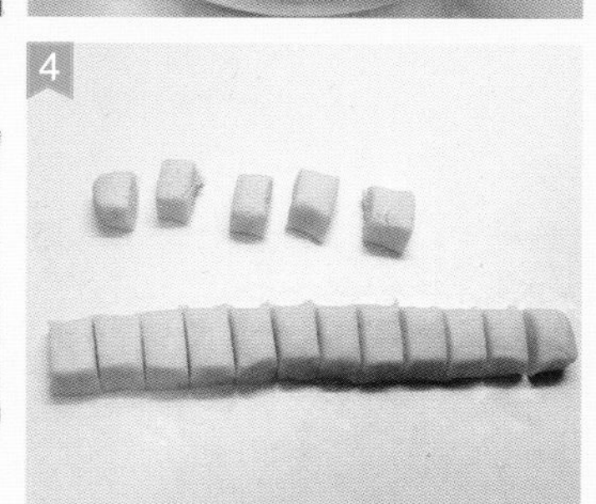

小贴士

- 卡夫芝士粉就是平时我们常添加在意大利面、比萨表面的那种粉末状芝士，其本身就含有盐分，用来做饼干也是超好吃的。
- 这款饼干属咸酥口味。因为不含水分及蛋液，面团比较干，在整形成条时要用抓捏的方式，而不要用力搓揉，以免面团松散。
- 球形饼干中心部位不容易烤熟，在到达烘烤时间后，可以关闭烤箱，用余温将饼干彻底烘干。

卡通饼干

参考分量：18个

主要工具：电动打蛋器、橡皮刮刀、擀面杖、卡通饼干模、刮板、烤箱

材料

黄油	55克	全蛋液	25克
糖粉	50克	中筋面粉	125克

做法

1

将黄油提前取出，室温软化，加入糖粉，用橡皮刮刀拌匀。

2

用电动打蛋器，将黄油打至松发。

3

将全蛋液分次少量地加入打发黄油中。

4

每次均快速用打蛋器搅拌均匀。

5

加入中筋面粉。

6

用橡皮刮刀将面粉和黄油拌均匀。

7

将面粉和成团。

8

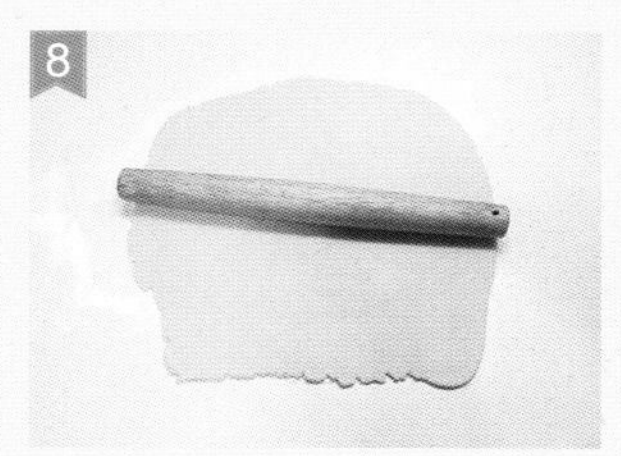

用擀面杖将面团擀成5毫米厚的面皮。

9

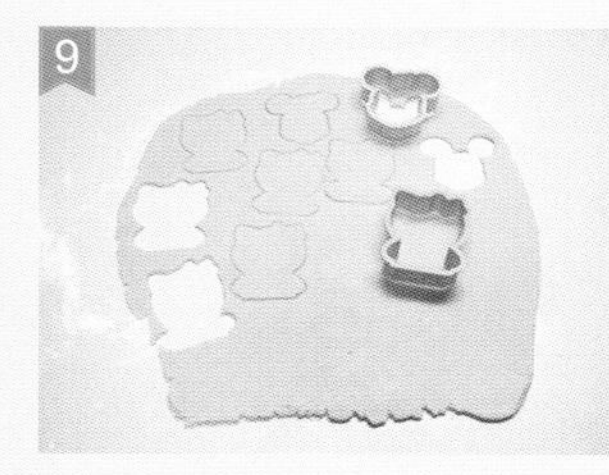

用动物小饼干模具，按压下动物的卡通形状。

10

将卡通动物移至烤盘上，再用模具的印章部分印出脸谱。

11

烤箱于175℃预热，以上下火、175℃、中层烤10~12分钟即可。

小贴士

- 制作饼干面团，不要像做馒头那样揉面，而要让黄油和面粉完全混合，抓捏成团，揉面容易产生筋性。
- 夏天如面团太粘，可包上保鲜膜，放入冰箱冷藏1小时再操作。
- 取饼干时用刮板帮助取出，摆上烤盘时也要把饼干摆正才能烤出漂亮的形状。
- 烤好的饼干开始不脆，放凉即脆了，如果凉后还不脆，就放入烤箱中层、150℃再烤5分钟。

花生小圆饼

参考分量：10个

主要工具：手动打蛋器、筛子、橡皮刮刀、烤箱

材料

低筋面粉110克（过筛），鸡蛋1个，花生酱40克，黄油70克，糖粉60克

做法

① 将黄油、糖粉混合倒入盆中，用打蛋器搅拌。

② 倒入打散的鸡蛋液，也可取用1/2的鸡蛋液。

③ 用打蛋器搅拌，直至黄油和鸡蛋液完全融合，加入过筛后的低筋面粉。

④ 倒入花生酱，用打蛋器搅拌至花生酱和黄油混合均匀。用橡皮刮刀轻轻翻拌。

⑤ 揉成面团，用手搓成长条。

⑥ 将搓好的长条分成若干小剂子，团成团，压扁成饼干团。将饼干团排在烤盘上，放入预热好的烤箱，180℃烘烤20分钟即可。

黑芝麻香葱饼干

参考分量：25个

主要工具：电动打蛋器、筛子、抹刀、保鲜膜

材料

低筋面粉100克，鸡蛋1个，黄油50克，白砂糖10克，炒熟黑芝麻20克，干燥香葱5克，盐2克，泡打粉2克

做法

① 黄油提前放置室温下软化；低筋面粉过筛。

② 黄油软化后切小块，依次加入白砂糖、盐，用电动打蛋器打发至颜色发白。

③ 鸡蛋打散，分2次将全蛋液加入黄油中。

④ 继续加入过筛后的低筋面粉和泡打粉，用打蛋器搅拌均匀。

⑤ 加入黑芝麻和干燥香葱。

⑥ 充分搅拌至所有材料混合均匀后，用手揉成面团。

⑦ 用双手将面团整形成长方柱后，包上一层保鲜膜，放入冰箱冷冻1个小时左右，直至面团变硬。

⑧ 从冰箱取出冷冻好的面团，用刀将面团切成厚薄均匀的面块，间隔整齐地摆放在烤盘内。将烤盘放入预热到180℃的烤箱中层，上下火，烘烤15～18分钟即可。

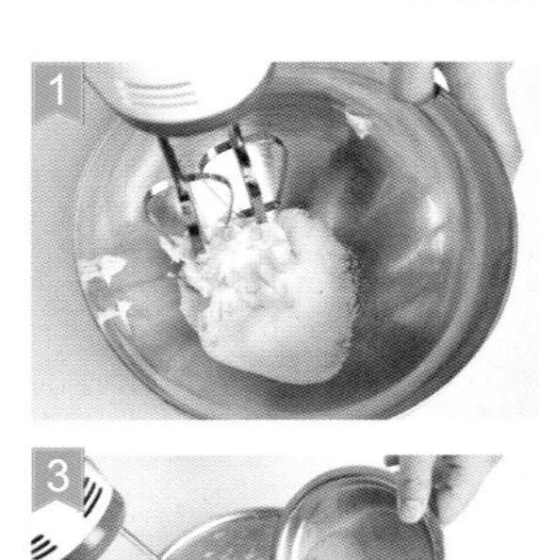

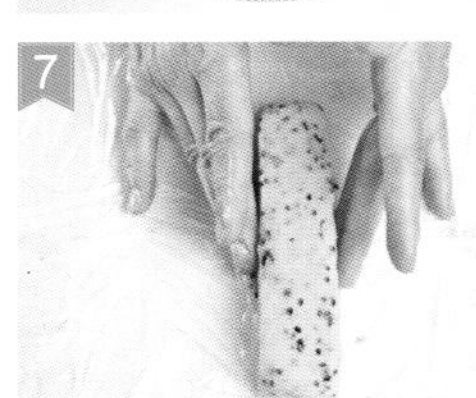

奶香小熊饼干

参考分量： 30片

主要工具： 电动打蛋器、橡皮刮刀、手执面粉筛、擀面杖、小熊饼干模、刮板、烤箱

材料

黄油	55克
糖粉	50克
全蛋液	25克
中筋面粉	125克
高筋面粉	少许

做法

① 黄油软化，用打蛋器打散，加入糖粉，先手动拌匀，再低速转中速搅打至膨胀。

② 分次少量加入全蛋液，每次需搅打至完全融合，方可再加入第二次，搅拌至呈乳膏状。

③ 筛入中筋面粉，用橡皮刮刀翻拌均匀。

④ 用手抓捏成面团，盖上保鲜膜松弛15分钟。

⑤ 案板上撒少许高筋面粉，用擀面杖将面团擀成2毫米厚的圆饼。

⑥ 用小熊饼干模按压出饼干形状。

⑦ 小心地将边缘的面片取出后，再用刮板将小熊取出，移至烤盘中。

⑧ 烤箱于175℃预热，放入烤盘，以上下火、175℃、中层烤10~12分钟。

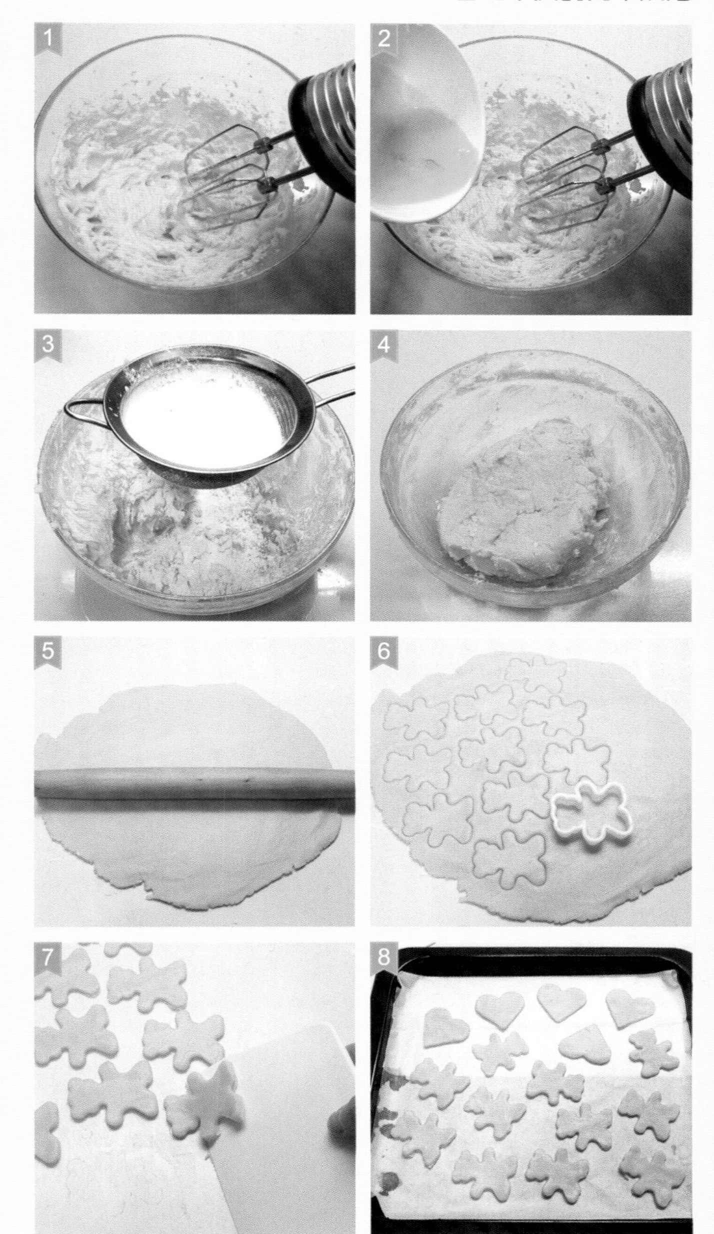

小贴士

· 制作饼干面团，不要像做馒头那样揉面，而要让黄油和面粉完全混合，抓捏成团，揉面容易产生筋性。

· 夏天如面团太黏，可包上保鲜膜，放入冰箱冷藏1小时再操作。

· 取饼干时用刮板帮助取出，摆上烤盘时也要把饼干摆正才能烤出漂亮的形状。

· 烤好的饼干开始不脆，放凉即脆了，如果凉后还不脆，就放入烤箱中层、150℃再烤5分钟。

材料

低筋面粉100克，黄油45克，蓝莓果酱30克，细砂糖30克，鸡蛋1个，盐1/8小匙

做法

① 将一部分低筋面粉过筛后盛入盆中，加入黄油，用打蛋器搅拌。

② 将鸡蛋搅打成鸡蛋液，取适量倒入低筋面粉中。

③ 混合搅拌均匀。

④ 加入细砂糖、盐和剩余的低筋面粉搅拌。

⑤ 将面粉揉成面团，分成小剂子，再揉圆，放入垫有烘焙纸的烤盘上。

⑥ 将每个小面团分别用手在其中间戳一个凹槽，放入适量的蓝莓果酱。将烤盘放入已经预热好的烤箱中，以160℃烘烤15分钟即可（烘烤中途需要翻一次面，使饼干均匀上色）。

蓝莓果酱饼干

参考分量：15个

主要工具：筛子、手动打蛋器、烘焙纸、烤箱

海苔饼

参考分量：18个

主要工具：筛子、手动打蛋器、橡皮刮刀、裱花袋、烤箱

材料

低筋面粉100克，黄油100克，鸡蛋液100克，糖粉70克，牛奶30毫升，海苔少许

做法

① 低筋面粉过筛。将黄油和糖粉倒入盆中。

② 用打蛋器将黄油与糖粉搅打均匀。

③ 黄油中分次加入鸡蛋液，搅打均匀。继续加入牛奶。

④ 加入过筛后的面粉。

⑤ 用刮刀翻拌均匀成面糊。

⑥ 将面糊装入裱花袋中，挤在烤盘上。轻摔一下烤盘，让面糊扩散，在面糊上撒上海苔。最后将烤盘放入预热好的烤箱中，烤箱以上火210℃烘烤12分钟即可。

巧克力脆棒

参考分量：15个

主要工具：电动打蛋器、手执面粉筛、擀面杖、橡皮刮刀、油纸、烤箱

材料

黄油	75克
糖粉	50克
鸡蛋	1个（50克）
低筋面粉	120克
可可粉	10克
泡打粉	1/8小匙
巧克力豆	25克

做法

① 将低筋面粉、可可粉、泡打粉混合均匀，过筛备用。

② 黄油软化后，用电动打蛋器以低速搅散，加入糖粉，手动将糖、油拌匀，再中速打至膨发。

③ 蛋液分次少量地加入黄油中，迅速搅打至蛋、油完全融合加入下一次，搅拌好呈乳膏状。

④ 向蛋油混合物中加入过筛粉类。

⑤ 用橡皮刮刀将面糊翻拌均匀后，加入巧克力豆，拌匀。

⑥ 取一张保鲜膜平铺在台面，将混好的面糊放在保鲜膜上。

⑦ 将保鲜膜对折包住面团，用擀面杖擀成如图的长方块。

⑧ 将制好的长方形面团移到方盘上，入冰箱冷冻约20分钟。

⑨ 至面团变硬后，切成5毫米厚片状。排放在垫有油纸的烤盘上，中间预留空隙。

⑩ 烤箱于170℃预热，以上下火、170℃、上层烤15分钟，再移至中层，以150℃烤10分钟即成。

小贴士

· 制作冷冻切片饼干，气温的高低、黄油的软硬程度均会造成面团的软硬度不同。夏季，做好的面团相对软烂，冬季，则相对干硬。

· 因气温不同，将面团移入冰箱冷冻的时间也不同。最后从冰箱里取出的面团要软硬适中，太硬不容易切割，太软则不容易成形。

朗姆葡萄干饼干

参考分量：20个

主要工具：电动打蛋器、筛子、刷子、油纸、烤箱

材料

低筋面粉130克（过筛），无盐奶油60克，白砂糖35克，鸡蛋1个，朗姆酒适量，葡萄干50克

做法

① 无盐奶油放置室温回软；葡萄干用朗姆酒提前浸泡一晚上。无盐奶油加白砂糖用打蛋器打至泛白乳霜状态。

② 鸡蛋打散，分2～3次将蛋液加入奶油霜中，搅打至拿起打蛋器尾端呈现尖角状。

③ 分次加入过筛的面粉，搅拌均匀，用手揉成面团。最后将浸泡好的朗姆葡萄干加入面团中搅拌均匀。

④ 用手将面团反复揉捏几次，然后将其整形成圆柱形面团。

⑤ 将面团用手揪成大小均匀的小面团，然后搓揉成小球，间隔整齐地铺放在烤盘中的油纸上。手上沾水后将面团轻轻压扁。

⑥ 在面团表面均匀地涂上一层蛋液，然后用刀子轻轻地在上面划2～3道痕迹。将面团放入预热到170℃的烤箱中层，上下火，烘烤约15分钟，待饼干表面呈金黄色即可。

葡萄椰子酥

参考分量：20个

主要工具：手动打蛋器、橡皮刮刀、刮板、油纸、烤箱

材料

A：葡萄干40克，白兰地30克

B：黄油50克，糖粉25克，盐1/16小匙，蛋黄1颗，低筋面粉80克，椰蓉15克

做法

① 葡萄干切成碎块，用白兰地浸泡3小时，取出捏干水。

② 黄油于室温下软化，用手动打蛋器搅打均匀。加入糖粉、盐搅打均匀。加入过筛的椰蓉及低筋面粉。用手抓捏成面团，盖上保鲜膜松弛15分钟。

③ 用橡皮刮刀将油、粉翻拌均匀，加入葡萄干碎。

④ 将面团放至案板上，用双手捏成长条状，用刮板分割成20等份。

⑤ 将切好的小块搓圆成小球状。

⑥ 烤箱预热，以上下火、170℃、中层烤25分钟，再用余温闷10分钟。

小贴士

- 这款饼干糖放得较少，主要靠葡萄干的甜度。如果没有葡萄干的话，不能用其他果仁代替，否则不够甜。
- 葡萄干要切碎，才容易混入面团，否则不易成团。葡萄干浸泡后要捏干再加入面团，否则会造成面团过于湿黏。

材料

黄油200克，糖粉130克，鸡蛋90克，盐1克，低筋面粉320克，奶粉30克，巧克力豆60克

做法

① 低筋面粉、奶粉混合过筛。黄油软化后加入糖粉、盐，用打蛋器打至体积膨胀、颜色发白。

② 分2次加入打散的蛋液，搅打至混合物细腻、有光泽。

③ 分次加入过筛后的粉类和巧克力豆，用橡皮刮刀搅拌成无干粉的面糊，揉成面团后分成3份。

④ 将面团搓成细长条，用油纸卷起，入冰箱冷冻40分钟。

⑤ 取出面团，去油纸，将面团切成厚度约为0.7厘米的面片，放入提前预热好的烤箱中层，上火180℃，下火130℃，烘烤20分钟左右即可。

1

2

3

4

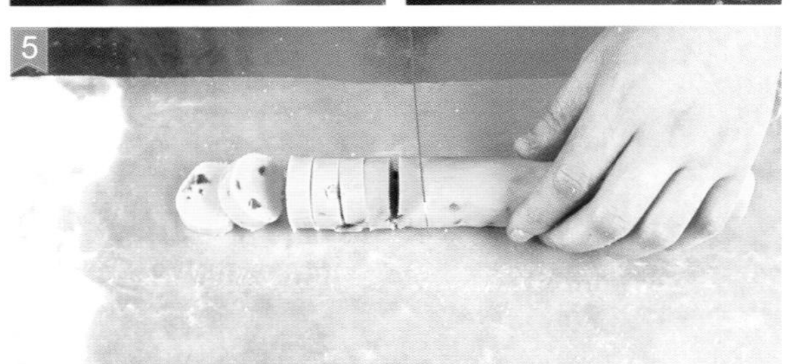
5

巧克力饼干

参考分量：40个

主要工具：筛子、打蛋器、橡皮刮刀、抹刀、烤箱

芝麻饼

参考分量：22个

主要工具：手动打蛋器、裱花袋、筛子、烤箱

材料

低筋面粉	110克
鸡蛋	1个
细砂糖	50克
白芝麻	20克
盐	1克

做法

① 低筋面粉过筛。将鸡蛋打破，搅匀成鸡蛋液，盛入盆中。

② 加入细砂糖、盐，搅匀，再加入低筋面粉，搅匀。

③ 面粉成糊后将面糊装入裱花袋，挤在烤盘上。

④ 用手轻轻压扁，再撒上白芝麻。

⑤ 倒出多余的白芝麻。将烤盘放入预热好的烤箱，以上火200℃、下火160℃，烤至饼干均匀着色即可。

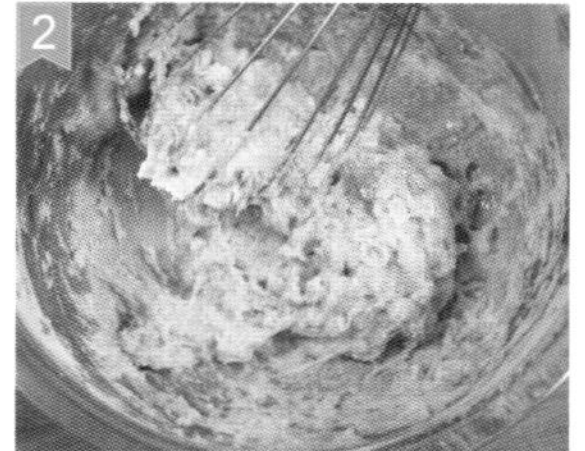

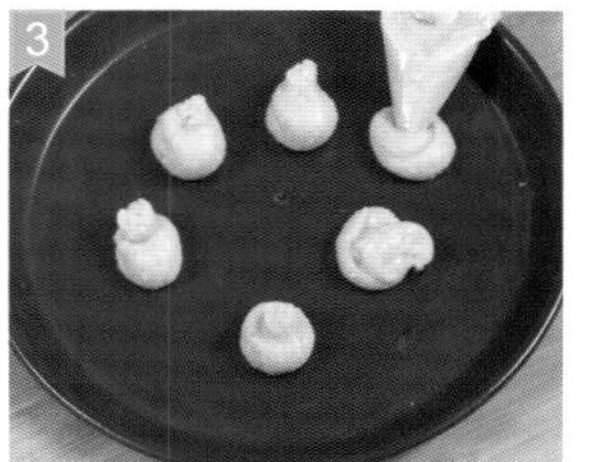

草莓果酱饼干

参考分量：12片

主要工具：电动打蛋器、面粉筛、橡皮刮刀、擀面杖、花形模具、刮板、油纸、烤箱

材料

A: 黄油	60克
糖粉	35克
蛋黄	1颗（20克）
草莓果酱	适量
蛋白液	少许
B: 中筋面粉	85克
低筋面粉	40克
高筋面粉	少许

准备工作

① 黄油提前取出于室温下软化。

② 中筋面粉及低筋面粉混合过筛。

做法

① 黄油用电动打蛋器低速打散，拌入糖粉手动略拌匀，再转中速搅打均匀，呈膨松状即可。

② 将蛋黄打散，分次少量地加入打发黄油中，以电动打蛋器用中速搅打均匀。

③ 加入过筛面粉，用橡皮刮刀将油、粉拌匀。

④ 再用双手将面团捏合成团。用保鲜膜包实面团，移入冰箱冷藏20分钟，备用。

⑤ 在案板上撒高筋面粉防黏，将面团擀制成5毫米厚的面皮。

⑥ 先用花形模具按压，再用圆形模具在一半数量的花形中心按出圆形。

⑦ 小心地将边缘的面皮移开，再用刮板轻轻将花形铲起。

⑧ 将花形放置在垫有油纸的烤盘上，表面刷上薄薄的蛋白液。

⑨ 取出另一半花形，覆盖在原花形表面。预热烤箱，以上下火、170℃、中层烤12分钟，再移至上层烤5~8分钟。

⑩ 烤好的饼干晾至温热时再移上烤网，在中心位置填入果酱即可。

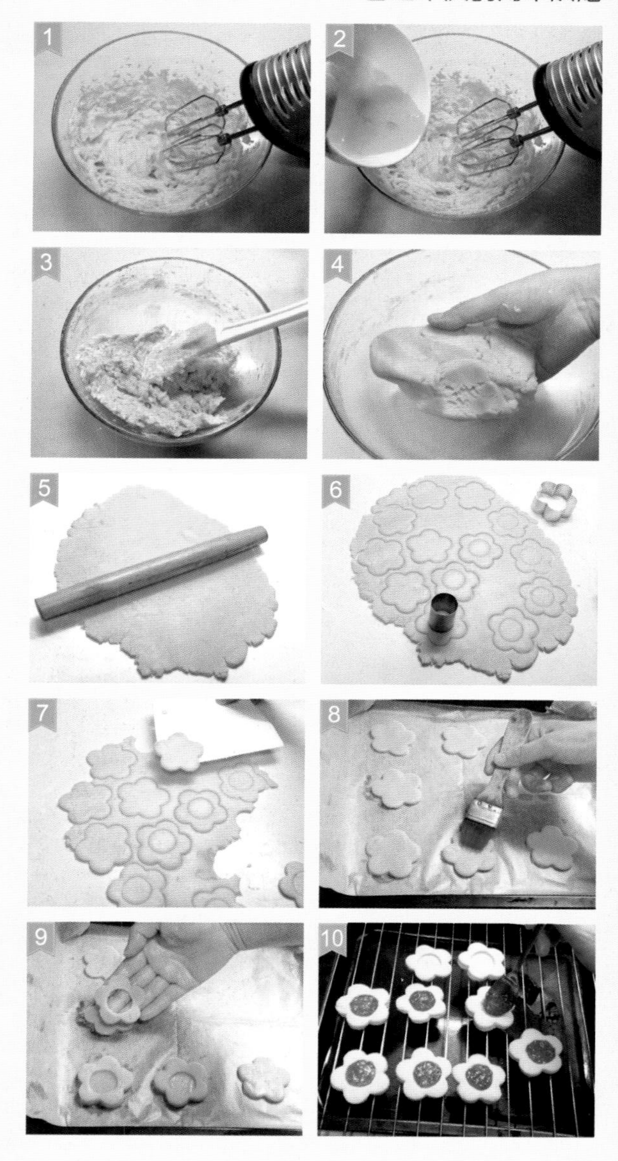

小贴士

· 制作这款饼干需要有耐心，每次压制成形后，先要小心地把边缘的面皮移开，再铲起花形，铲时动作要轻，否则很容易破碎。

· 因为饼干面团含油量高，擀制时要向同一方向擀，不要上下滚动。否则面团会翻皮，造成表面不光滑。

· 这款饼干的面皮本身不甜，需要加入果酱提高甜味。

比斯考提

主要工具：手动打蛋器、筛子、烤箱

材料 鸡蛋1个，绵糖70克，橄榄油40克，花生粒40克，低筋面粉165克，泡打粉2克，杏仁粉30克，核桃仁 60克

做法

① 将鸡蛋、绵糖一起搅拌至糖化开。再加入核桃仁、花生粒，搅拌均匀。

② 加入橄榄油搅拌均匀。然后将杏仁粉、低筋面粉、泡打粉过筛后加入其中，搅拌均匀成面团。

③ 面团稍作松弛后，搓成长条，摆入烤盘内。

④ 以上下火170℃/150℃烘烤大约40分钟，取出后切成1.5毫米的厚片。再摆入烤盘内，以上下火160℃/140℃烘烤大约16分钟即可。

肉桂意大利脆饼

主要工具：搅拌器、网筛、刀、烤箱

材料 鸡蛋60克，红糖65克，盐1克，中筋面粉115克，泡打粉2克，小苏打1克，肉桂粉1克，豆蔻粉1克，杏仁片50克

做法

① 将鸡蛋、红糖和盐搅匀，再搅拌至稍微发泡。

② 将中筋面粉、泡打粉、小苏打、肉桂粉和豆蔻粉过筛后加入搅拌好的糊中拌匀。将杏仁片加入容器中，拌匀成面团状。

③ 面团松弛10分钟，将其整形为宽 5厘米、高2.5厘米的长方体。

④ 将面团生坯以上火160℃、下火150℃烘烤约40分钟，取出。切成1厘米厚的片，摆入烤盘内，以上火130℃、下火120℃再烘烤约30分钟即可。

材料

水40克，绵白糖22克，盐0.5克，低筋面粉115克，小苏打0.5克，色拉油15克，巧克力适量

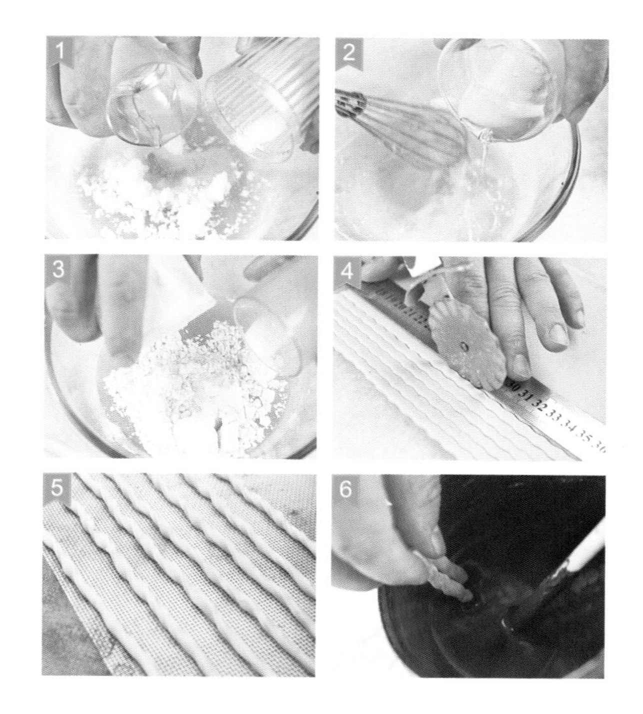

做法

① 将水、绵白糖和盐加入容器，搅拌至糖、盐完全化开。

② 将色拉油慢慢加入，并搅拌均匀。

③ 加入过筛的低筋面粉和小苏打，拌成面团。

④ 将面团松弛约20分钟，擀成3毫米厚的四方形面皮，用滚轮刀切成宽4毫米的长条。

⑤ 将面条扭几下，摆入烤盘内，并截成长13厘米的长条，再以上下火170℃/150℃烘烤大约15分钟，出炉冷却。

⑥ 将巧克力化开后，把长条棒的一端蘸上巧克力，摆放在塑料纸上待其完全凝固即可。

硬脆巧克力棒

主要工具：搅拌器、筛子、擀面棒、滚轮刀

钻石饼干

参考分量：30个

主要工具：擦子、手动打蛋器、筛子、保鲜膜、刷子、抹刀、烤箱

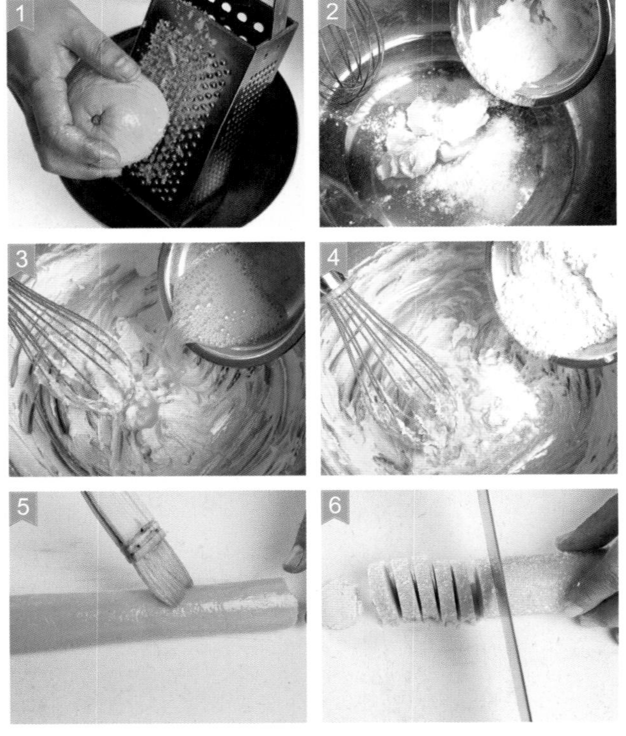

材料

黄油200克，低筋面粉320克，糖粉30克，鸡蛋半个，香草精少许，盐5克，橙皮适量，白砂糖适量

做法

① 黄油提前放置室温下软化；粉类过筛；橙皮用擦子擦成丝。

② 黄油中依次加入糖粉和盐，用手动打蛋器充分打发。

③ 鸡蛋打散，分3次加入蛋液继续打发，直至黄油混合物变得细腻、膨松。将香草精滴入打好的黄油混合物中，再次搅打均匀。

④ 依次加入橙皮丝、过筛后的面粉，充分搅拌均匀，揉成面团。

⑤ 将面团在案板上用双手揉成圆柱形，用保鲜膜包裹好放入冰箱冷冻，直至面团变硬。将冷冻好的圆柱形面团取出，在表面均匀地刷上全蛋液。

⑥ 将白砂糖均匀地撒在案板上，双手分别放在面团的两端，来回滚动面团，以使刷了全蛋液的面团均匀地粘上一层白砂糖。将圆柱形面团切成厚约0.5厘米的薄片，间隔均匀地放入烤盘。放入预热到180℃的烤箱中层，上下火，烘烤15分钟左右即可。

杏仁饼干

参考分量：35个

主要工具：手动打蛋器、橡皮刮刀、面粉筛、烤箱

材料

A：黄油100克，糖粉50克，盐1/4小匙，全蛋液30克

B：低筋面粉150克，泡打粉1/8小匙，奶粉25克

C：蛋白液15克，杏仁豆35粒

做法

① 室温软化黄油，加糖粉、盐打发。

② 分次少量地加入打散的全蛋液打发。

③ 低筋面粉加泡打粉过筛，连同奶粉一起加入打发黄油中，用橡皮刮刀将所有材料混拌均匀。

④ 用手抓捏成面团状。

⑤ 将面团分割成35份，在手掌上搓成圆球状，排放在烤盘上，中间预留空隙。

⑥ 在每颗圆球上按压上杏仁，刷上蛋白液，烤箱于165℃预热，以上下火、165℃、中层烤约25分钟，熄火后继续用余温闷10分钟左右，烤好的饼干移至烤网上放凉即可。

小贴士

· 黄油在制作前必须提前1小时从冰箱取出，以便软化。软化的程度以用手可以轻松按下手印的状态为佳。

· 黄油打发时，要分次加入全蛋液，不要一次性加入太多，否则，容易造成油水分离的现象。

小熊饼干棒

参考分量： 18个

主要工具： 电动打蛋器、手执面粉筛、橡皮刮刀、烤箱

材料

黄油	55克
红糖	50克（过筛后称重）
鸡蛋	25克
低筋面粉	125克
可可粉	7克

做法

① 红糖需事先过筛后再称重，备用。

② 将黄油于室温下软化后，用电动打蛋器以低速打至膨发。

③ 加入红糖粉，用电动打蛋器低速打匀后转中速打至膨胀松发。

④ 分次少量地加入打散鸡蛋液，用电动打蛋器以中速搅打均匀。

⑤ 加入全部低筋面粉，用橡皮刮刀将粉、油翻拌均匀，制成原色面团。

⑥ 取出1/2面团，加入可可粉，用手抓捏均匀制成可可面团。

⑦ 分别将两个面团捏成长条形，切割成小份。

⑧ 将小份的面团搓成圆球形，放在竹签上按扁作为小熊的头部。

⑨ 再搓一些小的面团做成耳朵、鼻子及眼睛。将面团搓成细长条做成嘴巴等细节贴在脸部。

⑩ 以上下火、175℃、中层烘烤12~15分钟，至饼干底呈微黄色即可。

小贴士

- 红糖容易结块，应先过筛再称重，这样比较准确。
- 刚烤好的饼干不要马上拿起，要放凉后再拿起，否则饼干太软容易脱离竹签。

蛋白瓜子酥

参考分量：18片

主要工具：手动打蛋器、面粉筛、硅胶垫（或油布）、烤箱

材料

A：蛋白40克，糖粉40克，色拉油40克，低筋面粉40克，细盐1/16小匙

B：葵花子仁60克

准备工作

葵花子仁先放入烤箱，以150℃、中层烤10分钟，放凉。

做法

① 色拉油加糖粉、盐搅拌均匀，再加入蛋白（无需打发）搅拌均匀。

② 加入过筛低筋面粉。

③ 用手动打蛋器搅拌均匀，拌成面糊。

④ 在垫有硅胶垫或油布的烤盘上，将面糊摊成薄的圆饼形。

⑤ 将剩余的面糊均匀地分散到每个圆饼，用小勺分摊均匀。

⑥ 再把烤熟的葵花子仁均匀地撒在圆饼表面。烤箱于175℃预热，以175℃、上层、底下垫双烤盘烤10~12分钟，至表面呈微金黄色即可。

小贴士

- 薄片饼干一定尽量摊薄，而且每片厚薄要均匀一致，才能保证受热均匀，同时出炉。
- 刚烤好的饼干有些软，如果有些弯曲变形，可以用平盘在上面压平，放凉一会儿就变硬、变脆了。
- 烤好的饼干放凉后要立即密封保存。

第三章

松软可口 香滑蛋糕

漂浮的云朵，像棉花糖学会了起飞。
你站在田野，笑容清浅，只顾收集新鲜。
而后打开厨门，暂离太过热闹的世界。
打散的蛋液，缓缓融入小麦磨成的面。
你全神贯注开始细心烘焙。
我在摇椅上耐心等待，搅拌咖啡。
喝完再续一杯。
烤炉欢呼雀跃，被满溢的香气包围。
突然发觉此刻的向往，是尝尝你做出的滋味。
呼吸里的感觉，像蛋糕上的奶油，完美搭配。
咀嚼情节。
我将你，偷偷藏进了，诗的最后一页。

黄金祖卡蛋糕

参考分量：8寸圆形蛋糕1个

主要工具：电动打蛋器、橡皮刮刀、筛子、烤箱

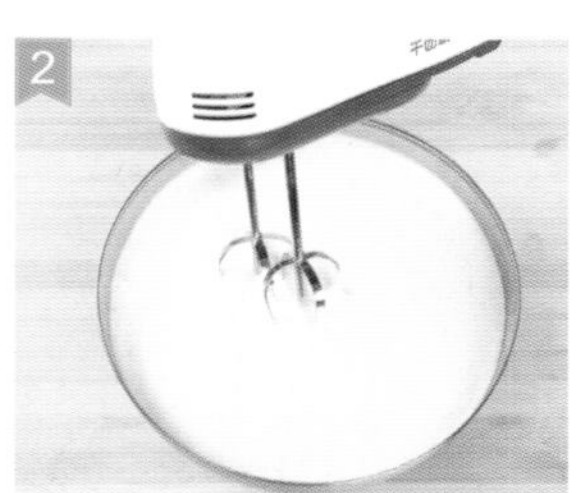

材料

低筋面粉250克，白砂糖200克，鸡蛋5个，泡打粉3克，椰蓉20克，色拉油100毫升

做法

① 低筋面粉过筛；将鸡蛋打入盆中，备用。

② 蛋液中加入白砂糖，用电动打蛋器充分打发。

③ 将粉类少量多次加入打发的全蛋液中，搅拌均匀。然后加入椰蓉，充分搅拌均匀。

④ 倒入色拉油，搅拌至面糊稀稠适中。

⑤ 面糊倒入模具中至八分满，并用刮刀轻轻抹平表面。最后用手端住模具在桌上用力振两下，把内部的大气泡振出来。

⑥ 将模具放入预热到160℃的烤箱中层，上下火，烘烤30分钟左右，取出冷却即可。

材料

黄油225克，白砂糖235克，鸡蛋4个，低筋面粉440克，苏打粉2克，盐4克，牛奶125毫升，熟香蕉500克，核桃仁碎100克

做法

① 香蕉去皮，用勺子碾碎；低筋面粉过筛；黄油提前放置室温下软化。

② 黄油中加入白砂糖，用手动打蛋器打发，分3次加入打散的鸡蛋液继续打发。直至黄油混合物变得细腻、膨松。

③ 加入香蕉泥，充分搅拌均匀。分次加入牛奶和过筛后的面粉，搅拌均匀。

④ 加入苏打粉、盐、核桃仁，充分搅拌均匀。

⑤ 将面糊装入裱花袋内，挤至模具八分满即可。

⑥ 在蛋糕液表面放上少许核桃仁进行装饰，放入预热到180℃的烤箱中层，上下火，烘烤20分钟左右即可。

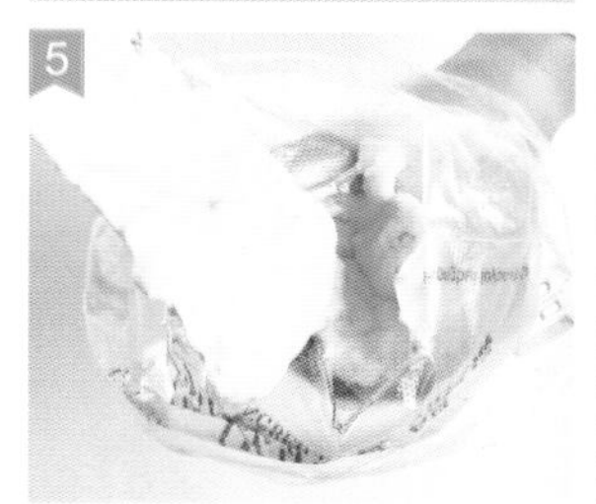

香蕉蛋糕

参考分量：8个

主要工具：筛子、手动打蛋器、裱花袋、模具、橡皮刮刀、烤箱

酸奶戚风蛋糕

参考分量：18cm蛋糕1个

主要工具：18cm贝印模、电动打蛋器、手动打蛋器、橡皮刮刀、手执面粉筛、脱模刀、烤箱

材料

A：蛋白4颗（160克），细砂糖60克，柠檬汁少许

B：蛋黄4颗（80克），细砂糖15克，浓稠酸奶70克，色拉油40克，低筋面粉80克

做法

将酸奶及色拉油倒入大盆内，用手动打蛋器搅至完全融合。

先加入15克细砂糖搅散，再分次加入蛋黄搅打均匀。

分2次筛入低筋面粉，每次都用手动打蛋器搅拌均匀至无颗粒状。

拌好的蛋黄面糊呈光滑可流动状态。水分比普通戚风蛋糕略多。

蛋白中加柠檬汁，分次加入60克细砂糖打至九分发。

取1/3蛋白霜加入蛋黄面糊内翻拌均匀。

再倒回剩下的2/3蛋白霜内翻拌均匀。

拌好的面糊如图所示。

将蛋糕糊倒入模具内，由上至下摔动几下，振去大气泡。

烤箱于170℃预热，以上下火、170℃、中下层烤40分钟。

烤好后将模具倒扣，插在酒瓶上。

彻底放凉后用脱模刀帮助脱模即可。

小贴士

- 酸奶戚风蛋糕除蛋白打发程度以及烤温不同，其他制作过程同普通戚风蛋糕一致。
- 贝印戚风很轻盈，在脱模的时候要小心，刀一插下去就不要再拔出来了，否则很容易把蛋糕插破。
- 做这种蛋糕最常见的失败情形就是底部回凹，出现这种情况多数是因为蛋白打发不够，或者底火温度太高导致。

可丽露

参考分量：25个

主要工具：软胶膜、刷子、电动打蛋器、筛子、橡皮刮刀、烤箱

材料

牛奶	250克
香草粉	1.5克
绵白糖	125克
全蛋	1个
蛋黄	1个
无盐奶油	25克
低筋面粉	55克
朗姆酒	6克
玉米淀粉	16克

做法

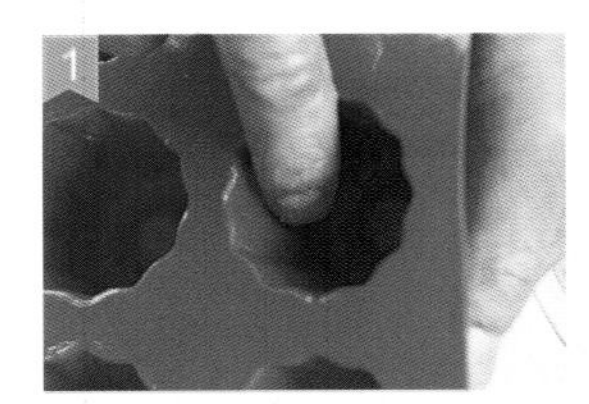

将软胶模中涂上固体奶油，备用。

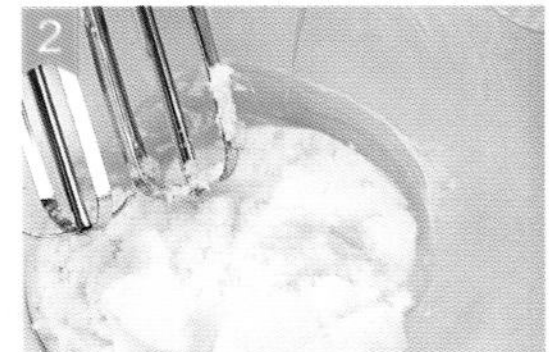

将全蛋、蛋黄和绵白糖放在一起，用电动打蛋器以中速搅拌均匀。

加入过筛的低筋面粉、玉米淀粉，拌匀成面糊，备用。

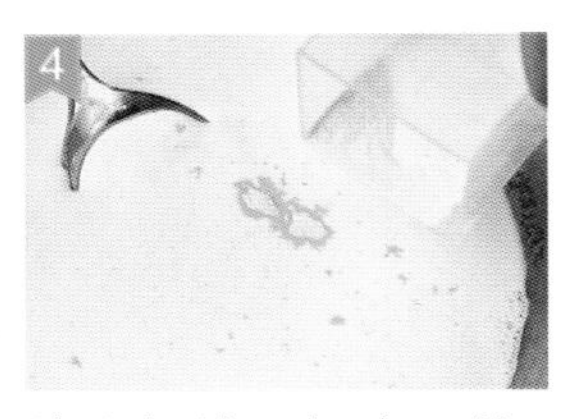

将牛奶放入锅中，然后加入香草粉一同加热煮沸。

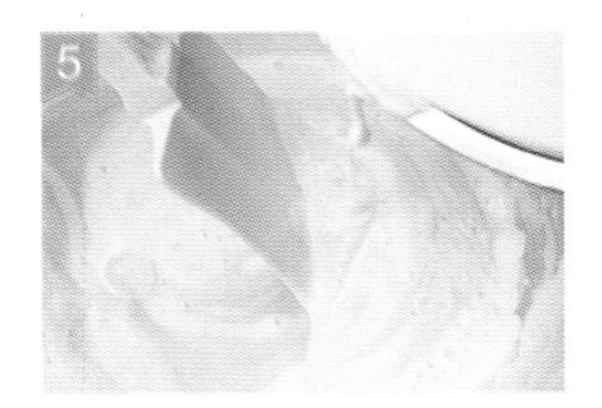

将牛奶慢慢加入面糊中，搅拌均匀。

加入朗姆酒混合拌匀。

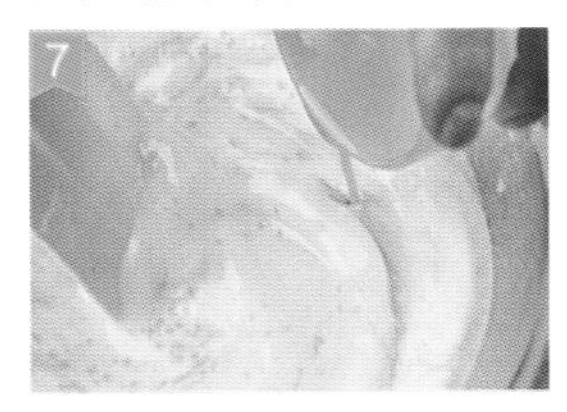

加入无盐奶油搅拌均匀，制成蛋糕糊。

将蛋糕糊用筛网过滤1次，放入冰箱冷藏4小时进行松弛。

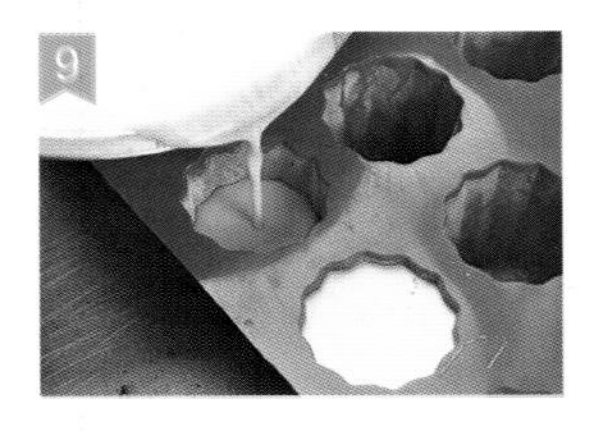

将松弛好的蛋糕糊倒入备用的模具中，约九分满。

送入已预热好的烤箱中，以上下火230℃烤约30分钟，出炉稍微冷却后脱模即可。

柠檬白兰地蛋糕

参考分量：25个

主要工具：筛子、擦子、打蛋器、橡皮刮刀、裱花袋、模具、烤箱

材料

黄油120克（放置室温软化），色拉油80毫升，糖粉200克，鸡蛋180克（约4个），白兰地20毫升，低筋面粉205克，泡打粉5克，柠檬1个

做法

① 低筋面粉、泡打粉混合过筛；柠檬取皮，用擦子擦成丝（10克左右）。

② 黄油加入色拉油、糖粉，用打蛋器拌匀，搅打至体积膨胀，颜色变浅。分3次加入打散的蛋液，搅打至混合物细腻、有光泽。

③ 分次加入过筛后的粉状物，拌匀。

④ 加入柠檬皮丝和白兰地，用打蛋器搅匀成细腻浓稠的面糊。

⑤ 将面糊装入裱花袋。

⑥ 将面糊挤在模具中至七分满，完成后放入提前预热好的烤箱中层，上火180℃，下火170℃，烘烤约28分钟，放凉即可食用。

香橙海绵蛋糕

参考分量：11个

主要工具：电动打蛋器、手动打蛋器、面粉筛、橡皮刮刀、蛋糕模具（直径7cm×高3.5cm）11个、烤箱

材料

A：	橙子	1个
B：	全蛋	3颗（总重为150~160克）
	低筋面粉	100 克
	细砂糖	95克
	食盐	1/8小匙
	色拉油	25克
	鲜榨橙汁	35克
	橙皮	2/3个

做法

① 用小刀将橙子外表薄薄地削出黄色的皮。

② 将削下来的皮切成碎屑。

③ 将橙子榨汁后取出35克，和色拉油放在同一个碗内。

④ 全蛋加细砂糖、盐在盆内搅匀，隔冷水一边小火加热，一边搅拌，直至蛋液的温度达到36~40℃。

⑤ 用打蛋器中速搅打，直至全蛋变成浅白色，蛋液提起能写“8”字并在短短几秒内消失。

⑥ 将橙汁和色拉油用手动打蛋器搅拌均匀。

⑦ 将面粉筛入全蛋液中，用橡皮刮刀拌匀。

⑧ 加入橙皮屑。

⑨ 加入橙汁和色拉油。

⑩ 再次用橡皮刮刀拌匀。

⑪ 将蛋糊倒入蛋糕模内，直至九分满。烤箱于170℃预热，以上下火、170℃、中层烤25分钟。

⑫ 诱人的香橙海绵蛋糕即完成。

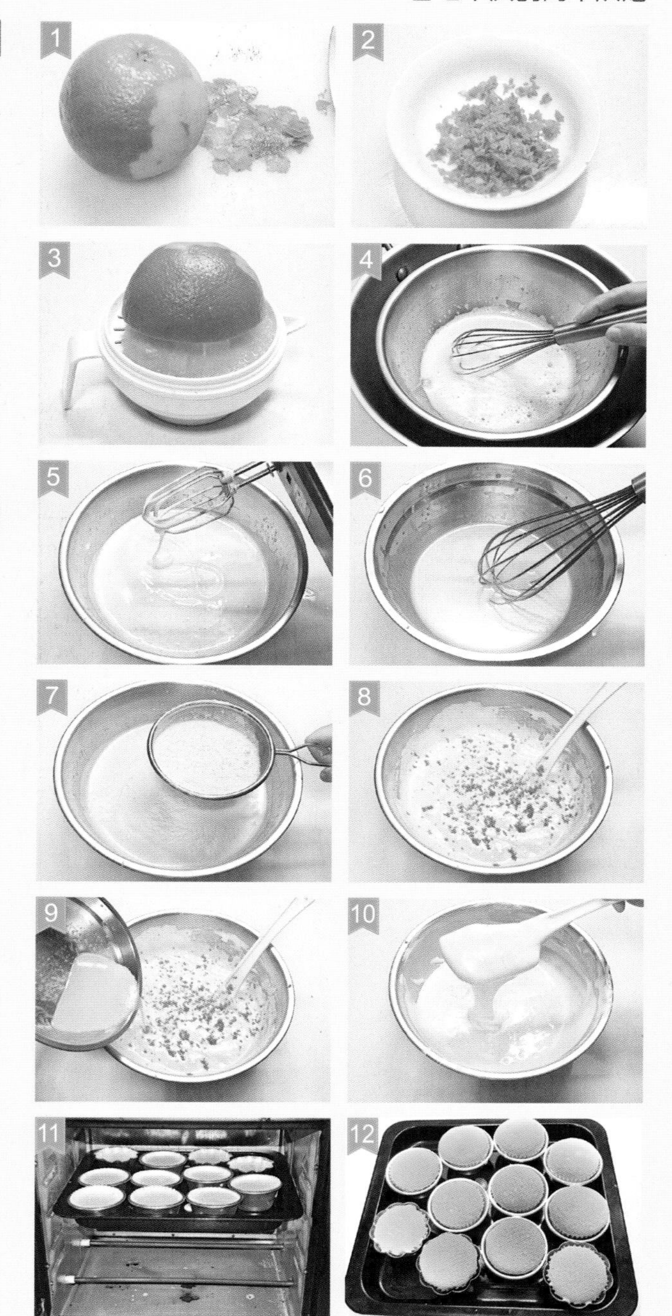

小贴士

· 橙皮可以给蛋糕增加香味又能解腻，但是削的时候千万不要削到白色部分，否则口感会发苦。

· 隔水加热全蛋可以帮助打发，隔水加热时要一边加热一边搅拌，这样才能均匀地加热，不至于底部的蛋液被烫熟了，加热的水也不要太热，有些微热气泡就好了。

联邦蛋糕

参考分量：16寸长方形烤盘1盘

主要工具：电动打蛋器、手动打蛋器、筛子、裱花袋、抹刀、油纸、烤箱

材料

低筋面粉140克，鸡蛋8个，白砂糖160克，打粉4克，淀粉25克，色拉油80毫升，水100毫升，恒温状态的黄油、葡萄干各适量，葡萄汁适量

做法

① 分离蛋清和蛋黄；粉类混合过筛；葡萄干放入葡萄汁内泡发。将40克白砂糖加入蛋黄中搅拌均匀，然后加入水、色拉油及过筛后的粉类。

② 搅拌至所有材料混合均匀。

③ 将120克白砂糖加入蛋清中，搅拌均匀。然后将蛋清混合物平均分成2份。将第一份蛋清混合物用手动打蛋器打成鸡尾状时，加入到第二份中，打至干性发泡状态。

④ 把蛋黄混合物和蛋清混合物混合均匀，制成蛋糕糊。

⑤ 在烤盘内铺上一层油纸，把葡萄干均匀地铺在烤盘油纸上。把蛋糕糊倒入烤盘内，并用刀涂抹均匀，放入预热到180℃的烤箱中层，上下火，烘烤20分钟左右。

⑥ 将烤好的蛋糕取出，放凉，均匀分成3份。

⑦ 将黄油装入裱花袋内。

⑧ 均匀地挤在第1层蛋糕上。然后盖上第2片蛋糕，按照如上方法继续挤上黄油。最后盖上第3片蛋糕，放入冰箱冷藏后即可食用。

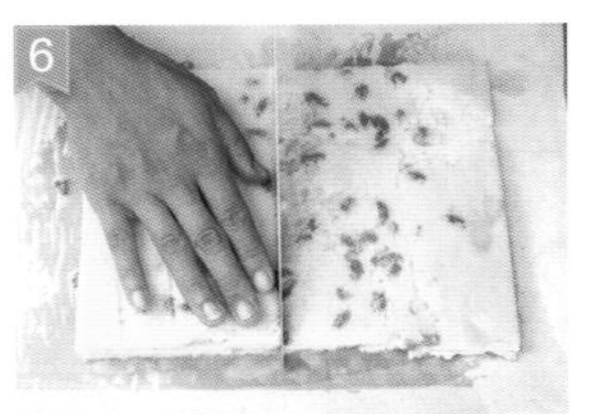

抹茶蜜豆卷

参考分量：8寸方烤盘1盘

主要工具：手动打蛋器、塑料刮板、橡皮刮刀、抹刀、裱花袋、裱花嘴、烤箱

材料

低筋面粉140克，白砂糖160克，泡打粉4克，淀粉25克，鸡蛋8个，色拉油80毫升，水100毫升，绿茶粉30克，蜜豆、奶油各适量

做法

① 粉类混合均匀后过筛；分离蛋清和蛋黄。

② 用手动打蛋器将蛋黄打散。

③ 将水、色拉油和40克白砂糖混合在一起，搅拌均匀后，分2～3次加入到打散的蛋黄中搅拌均匀。蛋黄中继续加入过筛后的粉状物，搅拌均匀。蛋清中加入120克白砂糖，用手动打蛋器打至湿性发泡。

④ 将打发好的蛋清分次少量地加入到蛋黄糊中翻拌均匀，制成蛋糕糊。烤盘内铺上一层油纸，将蛋糕糊倒入烤盘内并用塑料刮板抹平，放入预热到180℃的烤箱中层，上下火，烘烤15分钟左右。

⑤ 将烤好的蛋糕取出，冷却。然后在蛋糕的正面用裱花袋挤上奶油并用抹刀抹平。

⑥ 在奶油上均匀地撒上蜜豆。

⑦ 将蛋糕平移到油纸上，用油纸将蛋糕坯向内卷起，两端拧成糖果状。将蛋糕卷放冰箱冷藏定型，取出后切块。

⑧ 将蛋糕卷稍加装饰后即可食用。

玛德琳蛋糕

参考分量：24个

主要工具：铲子、勺子、筛子、模具、烤箱

材料

低筋面粉50克，淡奶油200克，牛奶25毫升，柠檬汁适量，白砂糖110克，糖粉20克，鸡蛋2个，泡打粉1克，葡萄干适量，大枣碎适量，黄油适量

做法

① 低筋面粉和泡打粉混合过筛。锅中倒入牛奶、白砂糖，加热至白砂糖化开。

② 另起一锅，倒入淡奶油、柠檬汁，小火加热至开始沸腾时，用铲子搅拌，约30分钟后离火，晾干。

③ 鸡蛋打散，放入盆中搅匀。

④ 倒入糖粉，用勺子搅至糖粉化开，倒入煮好的牛奶和奶油搅匀。

⑤ 加过筛的粉类拌匀。

⑥ 放入葡萄干、大枣碎混合均匀。模具内涂上一层黄油，放入面糊，填至八分满，刮去多余部分，放入预热到160℃的烤箱中层，上下火，烘烤12～15分钟。

提子马芬蛋糕

主要工具：电动打蛋器、筛子、裱花袋、模具、烤箱

材料

材料	用量
黄油	60克
绵白糖	50克
鸡蛋	1个
牛奶	50克
低筋面粉	100克
泡打粉	5克
葡萄干	50克
朗姆酒	30克
葡萄干	适量

做法

1. 将葡萄干和朗姆酒混合，泡软，备用。

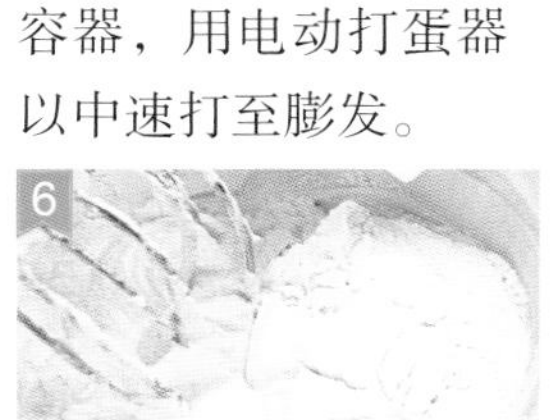

2. 将黄油和绵白糖放入容器，用电动打蛋器以中速打至膨发。

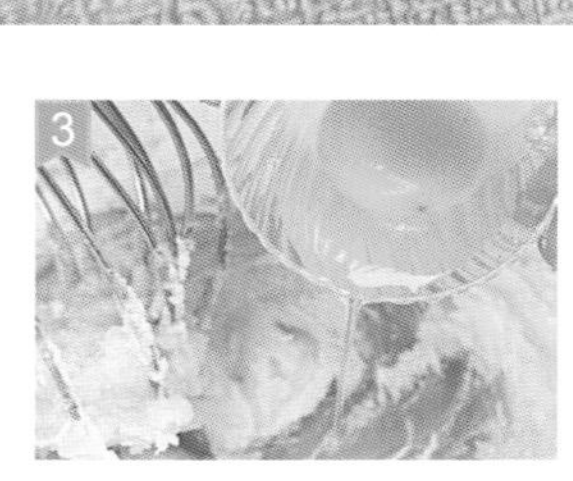

3. 分次少量加入蛋液，每次需迅速搅打至完全融合，搅拌好呈乳白色。

4. 加入1/2过筛的粉类，拌匀。

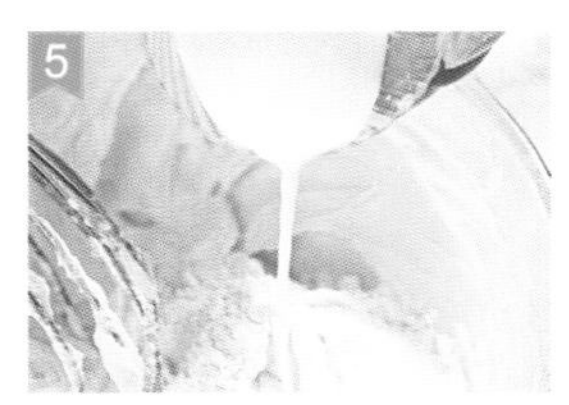

5. 加入牛奶，拌匀。

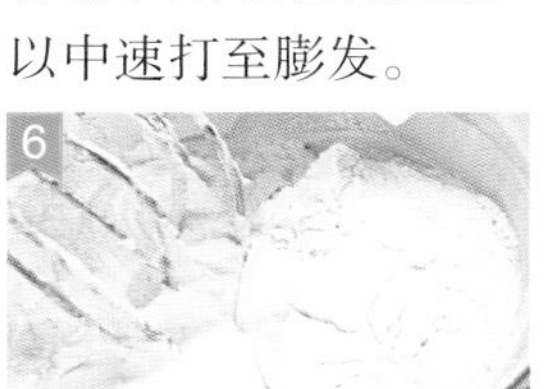

6. 加入剩余的过筛粉类，搅拌均匀成面糊

7. 将备用的酒渍葡萄干和面糊混合拌匀成蛋糕糊。

8. 将蛋糕糊装入裱花袋中，挤入模具约八分满。

9. 在蛋糕糊表面撒上一些装饰葡萄干。

10. 入炉，在提前预热好的烤箱中以上下火170℃烤约25分钟即成。

白色布朗尼

主要工具：电动打蛋器、烤箱、竹签、面粉筛、油纸

材料

A：奶油250克，白巧克力250克

B：全蛋7个，绵白糖250克

C：低筋面粉250克，杏仁碎250克

D：白巧克力10克，黑巧克力30克

准备工作

① 将烤箱预热至上下火180℃/150℃。

② 黑巧克力、白巧克力分别切碎，备用。

③ 所有的粉类均过筛，备用。

④ 将杏仁碎烤熟，备用。

⑤ 烤模垫纸，备用。

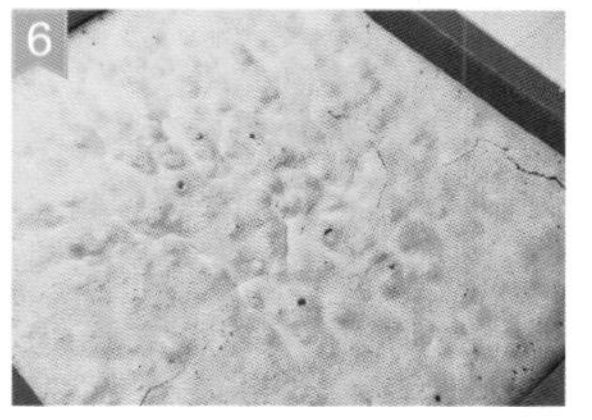

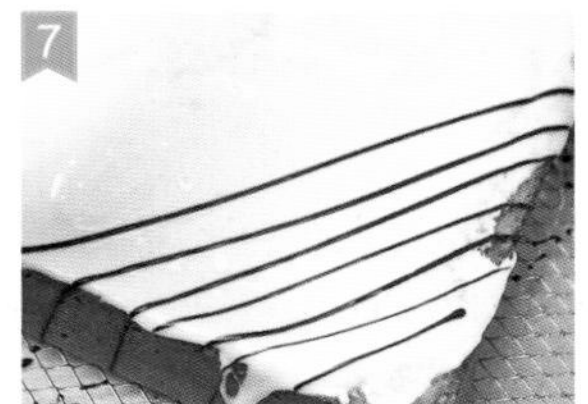

做法

① 将材料A放在容器中隔水化开，备用。

② 将材料B放入另一容器中，用电动打蛋器以中速搅拌打发，打发至拉起滴落时比较缓慢即可。

③ 慢慢加入备用的材料A，混合拌匀。

④ 加入材料C，拌匀，制成面糊。

⑤ 将面糊倒入垫纸的烤盘内，抹平。

⑥ 放入烤箱，以上下火180℃/150℃烤约30分钟，出炉冷却备用。

⑦ 将材料D分别隔水加热化开；先将化开的白巧克力淋于蛋糕表面抹平，再用黑巧克力挤上线条。

⑧ 将蛋糕用竹签划出纹路，再切块即可。

小贴士

· 切蛋糕的时候刀必须加热，以免将蛋糕切碎。

巧克力马芬

参考分量：25个

主要工具：打蛋器、橡皮刮刀、裱花袋、筛子、模具、烤箱

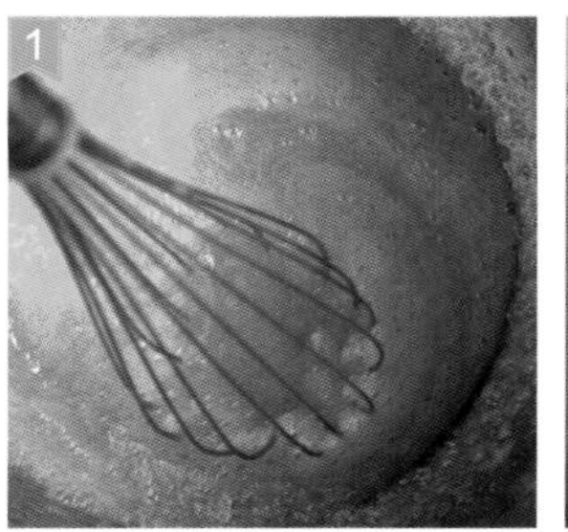

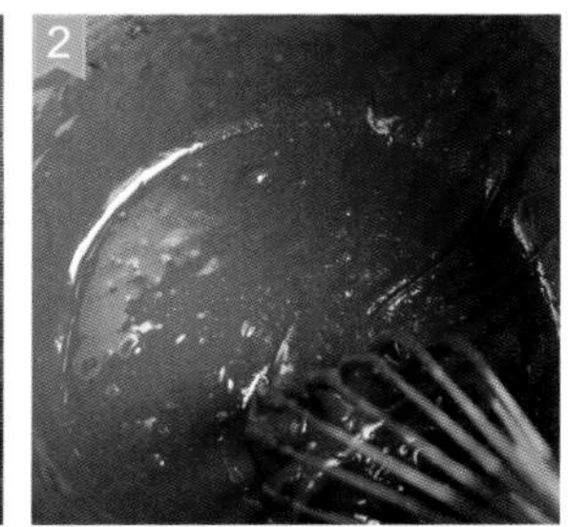

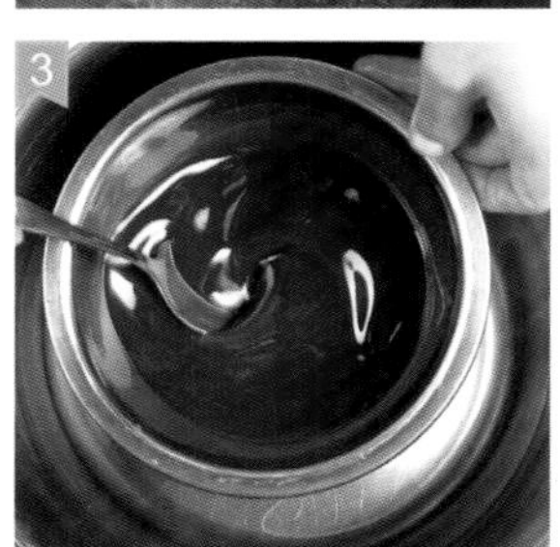

材料

鸡蛋275克（约6个），细砂糖225克，葡萄糖浆20毫升，盐2.5克，低筋面粉240克，泡打粉5克，可可粉20克，黑巧克力50克，色拉油200毫升，核桃仁适量

做法

① 低筋面粉、可可粉、泡打粉混合过筛。鸡蛋打散，加细砂糖、葡萄糖浆、盐，用打蛋器搅匀至细砂糖化开。

② 鸡蛋液中分次加入过筛的粉状物，搅匀。

③ 黑巧克力隔水加热化开，加色拉油混合均匀。

④ 将巧克力液倒入上述搅拌均匀的面糊中，用打蛋器搅匀成蛋糕糊。

⑤ 用裱花袋将面糊挤在马芬模具中至七分满，放在烤盘上静置20～30分钟。

⑥ 将核桃仁撒在蛋糕糊表面，放入提前预热好的烤箱中层，上火180℃，下火180℃，烘烤约30分钟即可。

抹茶蜜豆

参考分量：18个

主要工具：打蛋器、裱花袋、模具、橡皮刮刀、筛子、烤箱

材料

黄油100克，色拉油50毫升，糖粉140克，鸡蛋130克（约3个），低筋面粉145克，泡打粉3.5克，抹茶粉10克，牛奶30毫升，蜜豆80克

做法

① 低筋面粉、抹茶粉、泡打粉混合过筛。黄油放置室温软化，加色拉油、糖粉，用打蛋器搅打至体积膨胀、颜色变浅。

② 黄油盆中分3次加入打散的蛋液。

③ 充分混合后再加下一次，搅打至混合物细腻、有光泽。

④ 加入过筛后的粉状物，用打蛋器搅拌成无干粉的面糊。

⑤ 加入牛奶、蜜豆，用打蛋器搅拌均匀。

⑥ 用裱花袋将面糊挤在模具中至七分满，放在烤盘上静置20～30分钟。将烤盘放入预热好的烤箱中层，上火175℃，下火170℃，烘烤约28分钟。

拉明顿蛋糕砖

参考分量：8寸方形蛋糕1个

主要工具：手动打蛋器、模具、筛子、烤箱

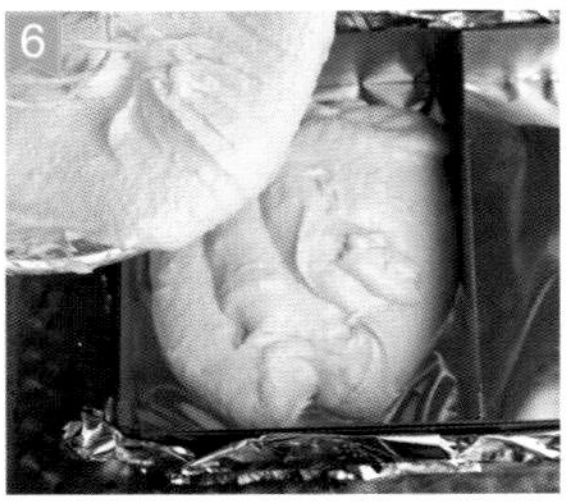

材料

低筋面粉200克，泡打粉10克，盐2克，黄油115克，白砂糖150克，鸡蛋2个，香草精5毫升，牛奶120毫升，巧克力450克，椰丝200克

做法

① 巧克力隔水化开；粉类过筛。黄油（放置室温软化）中加入白砂糖，用打蛋器打发。

② 分次少量地加入打散的蛋液，搅匀。

③ 加入香草精搅匀。

④ 分次加入过筛的粉类，搅匀。

⑤ 加牛奶、盐，搅拌至所有材料混合均匀。

⑥ 将蛋糕液倒入活底模具中，放入预热到180℃烤箱中层，烘烤20～25分钟，晾凉，切块。将化开的巧克力浇在蛋糕表面，在其未凝固前撒上椰丝即可。

水蜜桃慕斯蛋糕

参考分量：6寸蛋糕1个

主要工具：6寸活底圆模、电动打蛋器、手动打蛋器

材料

慕斯馅材料：

罐装水蜜桃	1瓶（450克）
酸奶	100克
鱼胶粉	3小匙
清水	3大匙
动物鲜奶油	100克
细砂糖	10克

水晶果冻材料：

罐装蜜桃糖水	135克
橙汁	50克
鱼胶粉	（2+1/2）小匙

准备工作

烤制6寸戚风蛋糕1个，用蛋糕刀片成2厘米厚的蛋糕片1片。

做法

① 取2个水蜜桃用搅拌机打成果泥。

② 鲜奶油加细砂糖，隔冰水打至六七分发。

③ 加入酸奶搅拌均匀。

④ 加入打碎的果泥用手动打蛋器搅拌均匀。

⑤ 鱼胶粉加水浸泡5分钟，加热成液态放凉至30℃，加入鲜奶油中搅匀。

⑥ 6寸戚风蛋糕片（2厘米厚），四周修剪后，放入模具内。

⑦ 将步骤5混合好的慕斯馅倒入模具内。

⑧ 移入冰箱冷藏2小时方可取出。

⑨ 表面铺上切片水蜜桃。

⑩ 蜜桃糖水、橙汁和鱼胶粉先浸泡10分钟，再隔水化成液态，放凉。

⑪ 将放凉的果冻液倒在蛋糕表面。

⑫ 再重新移入冰箱冷藏2小时，取出，用电吹风吹约1分钟脱模即可。

小贴士

· 本款慕斯蛋糕只放1片厚蛋糕即可，否则没有位置摆放水蜜桃和果冻。

· 溶化的鱼胶粉不能直接加入打发鲜奶油中，温度过高会将鲜奶油化掉，应降温后再倒入，而且一边加入，一边要迅速用打蛋器拌匀。在倒入果冻水时也需要放凉，不然就把冻好的慕斯热化了。

巧克力布朗尼蛋糕

参考分量：1个

主要工具：手动打蛋器、油纸、塑料刮板、擀面杖、抹刀、烤箱

材料

黄油200克，黑巧克力200克，鸡蛋4个，红糖120克，白砂糖40克，盐2克，中筋面粉150克，核桃仁100克，泡打粉少许

做法

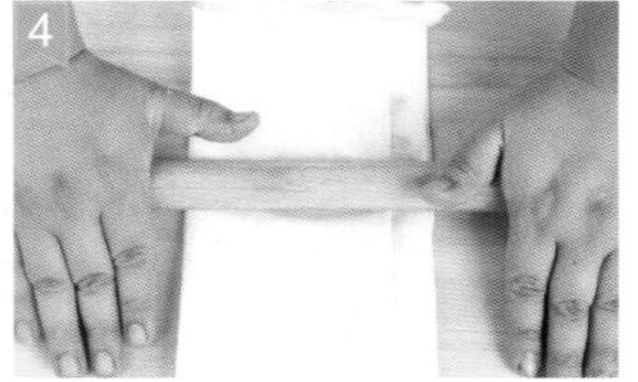

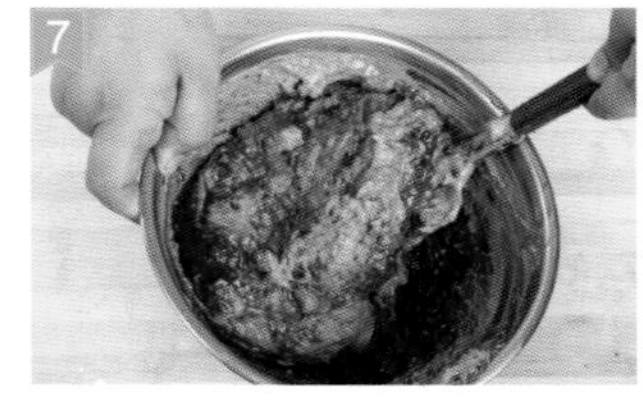

① 巧克力切小块，隔水化开；黄油隔水化开。

② 将黄油慢慢倒入巧克力液里。

③ 将黄油与巧克力搅拌均匀后用温水保存。

④ 将红糖用油纸包裹起来，用擀面杖压碎。

⑤ 鸡蛋打散，依次加入白砂糖、盐和红糖，用手动打蛋器打发至混合物呈丝绸状。

⑥ 核桃仁切碎，粉类过筛，一同放入全蛋液中搅拌均匀。

⑦ 将巧克力黄油液匀速加入全蛋液里，充分搅拌均匀，制成蛋糕糊。

⑧ 在模具内刷上一层油后铺上油纸，倒入蛋糕糊并用塑料刮板轻轻抹平表面。将模具放入预热到180℃的烤箱中层，上下火，烘烤25～30分钟，取出后脱模。冷却后切块，稍加装饰后即可食用。

黄油果碎蛋糕

参考分量：40个

主要工具：电动打蛋器、橡皮刮刀、模具、裱花袋、烤箱

材料

低筋面粉225克（过筛），白砂糖200克，黄油100克，鸡蛋6个，泡打粉7克，朗姆酒15毫升，干果碎50克，柠檬汁适量

做法

① 黄油提前放置室温下软化；分离蛋清和蛋黄。

② 黄油中加入70克白砂糖，用电动打蛋器充分打发至体积膨胀、颜色发白。

③ 将蛋黄分2次加入到打发的黄油中，用打蛋器充分搅拌均匀且混合物呈糊状，然后加入柠檬汁。

④ 将130克白砂糖放入分离好的蛋清中。

⑤ 用电动打蛋器打发至湿性发泡。

⑥ 将打发的蛋清分次少量地加入到黄油混合物中搅拌均匀。

⑦ 将过筛的面粉和泡打粉加入黄油糊中，充分搅拌均匀。最后加入40克干果碎、朗姆酒，搅匀即可。

⑧ 将面糊用橡皮刮刀装入裱花袋内，挤到准备好的蛋糕模具中，八分满即可。在蛋糕表面撒一些干果碎进行装饰，放入预热到180℃的烤箱中层，上下火，烘烤20分钟左右即可。

戚风蛋糕

参考分量：8寸蛋糕1个

主要工具：8寸活底圆模、手动打蛋器、电动打蛋器、分蛋器、面粉筛、橡皮刮刀、脱模刀、烤箱

戚风蛋糕英文名为 Chiffon Cake，Chiffon 的原意是指如丝绸般细致，由分开的蛋白加细砂糖打发制作。它的组织膨松，水分含量高，味道清淡不腻，口感滋润，松软有弹性，是东方人最喜爱的蛋糕之一。戚风蛋糕在网络有个别名叫“七疯”蛋糕，只因很多人经过多次失败操作，被它气疯至少七次才能成功而得名。

材料

A：蛋白 4颗（160克）
柠檬汁 5滴
细砂糖 60克

B：蛋黄 4颗（80克）
细砂糖 20克
低筋面粉 90克
市售橙汁 60克
色拉油 50克

做法

① 用分蛋器分出蛋白、蛋黄（注意分离时不要让蛋白沾到一丝蛋黄）。

② 分别将蛋黄、蛋白盛装入容器（容器事先用纸巾擦干，保证无水、无油）。

③ 将色拉油及橙汁搅打至油水融合。加入蛋黄、细砂糖，继续搅打。

④ 先筛入2/3低筋面粉。用手动打蛋器充分搅拌均匀，至无颗粒状。

⑤ 再筛入剩下的1/3低筋面粉，搅拌均匀至无颗粒的浆状。

⑥ 在蛋白中分次加入砂糖，将蛋白打至硬性发泡。

⑦ 取1/3蛋白霜放入步骤5的面糊中。

⑧ 用橡皮刮刀翻拌均匀。

⑨ 拌好的面糊倒入剩下的2/3蛋白霜内。

⑩ 使用切拌及翻拌的方式，拌至蛋白与面糊完全融合。

⑪ 将蛋糕糊倒入模具内。从上往下轻摔数下，以振去气泡。

⑫ 以上下火、140℃、底层烤25分钟，转上下火、170℃继续烤25分钟。

⑬ 烤好的蛋糕取出后马上轻摔两下，倒扣在烤网上。烤网底部需有空隙，让水汽散发。

⑭ 待蛋糕彻底冷却后，方可脱模。

巧克力蛋糕卷

参考分量：10个

主要工具：手动打蛋器、筛子、塑料刮板、抹刀、油纸、烤箱

材料

蛋糕：鸡蛋450克（约10个），细砂糖210克，低筋面粉200克，蛋糕油28克，热水140毫升，可可粉40克，小苏打3克，色拉油110毫升

馅料：甜奶油适量

做法

① 低筋面粉过筛。鸡蛋打散后加入细砂糖，用手动打蛋器打至细砂糖化开、蛋液起泡。

② 将过筛后的低筋面粉分次加入蛋液中，用打蛋器搅拌均匀后加入蛋糕油，快速打发至原体积的2～3倍。

③ 将可可粉、小苏打倒入热水中，用打蛋器搅拌均匀后加入色拉油，搅拌至所有材料充分融合，将搅拌均匀的可可液倒入蛋糕糊中。

④ 再次搅拌均匀，成为如图所示的浓稠状即可。

⑤ 将蛋糕糊倒入铺有油纸的烤盘中，并用塑料刮板抹平。

⑥ 将烤盘放入提前预热好的烤箱中层，上火180℃，下火180℃，烘烤25分钟左右后取出，放凉。将甜奶油打发至呈顺滑的流动状态，在蛋糕上抹平。

⑦ 蛋糕冷却后切去多余边角，涂上一层打发的甜奶油，抹平后用双手轻轻卷起。

⑧ 冷藏1个小时后切块食用即可。

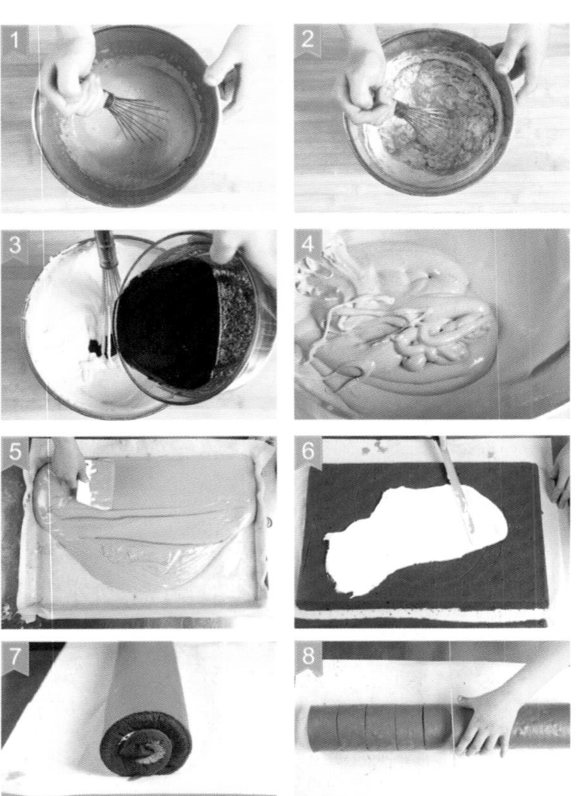

肉松蛋糕

参考分量：20个

主要工具：手动打蛋器、裱花袋、橡皮刮刀、烤箱

材料

面糊：蛋黄100克，细砂糖40克，盐1克，低筋面粉110克，玉米淀粉10克，泡打粉2克，水60毫升，色拉油50毫升

蛋白：蛋清200克，细砂糖80克，塔塔粉2克

表面：肉松适量，甜奶油适量

做法

① 低筋面粉、玉米淀粉、泡打粉混合过筛。将盐、40克细砂糖、水、色拉油一起放进盆中，用打蛋器搅拌均匀。

② 加入过筛后的粉状物，用打蛋器搅拌成无干粉的面糊。

③ 继续加入蛋黄，搅拌成顺滑的糊状即可。

④ 制作蛋白：塔塔粉加入蛋清中，用打蛋器快速拌匀，分2～3次加入细砂糖，打发至呈鸡尾状即可。

⑤ 蛋白分2次加入面糊中，搅拌成细腻浓稠的蛋糕糊。

⑥ 用橡皮刮刀将蛋糕糊装入裱花袋中，在铺有油纸的烤盘上挤出蛋糕片。

⑦ 将烤盘放入提前预热好的烤箱中层，上火190℃，下火160℃，烘烤约20分钟，取出，放凉。将甜奶油打发至呈顺滑的流动状态。待蛋糕在室温冷却后翻面，抹上一层打发的甜奶油。

⑧ 再在表面粘上肉松即可。

黄金海绵蛋糕

参考分量：8寸蛋糕1个

主要工具：8寸活底圆模、电动打蛋器、手动打蛋器、橡皮刮刀、手执面粉筛、脱模刀、烤箱

材料

A：	黄油	80克
	低筋面粉	80克
	盐	1/8小匙
B：	蛋黄	5颗（100克）
	鲜奶	90克
C：	蛋白	5颗（200克）
	细砂糖	80克
	玉米淀粉	10克

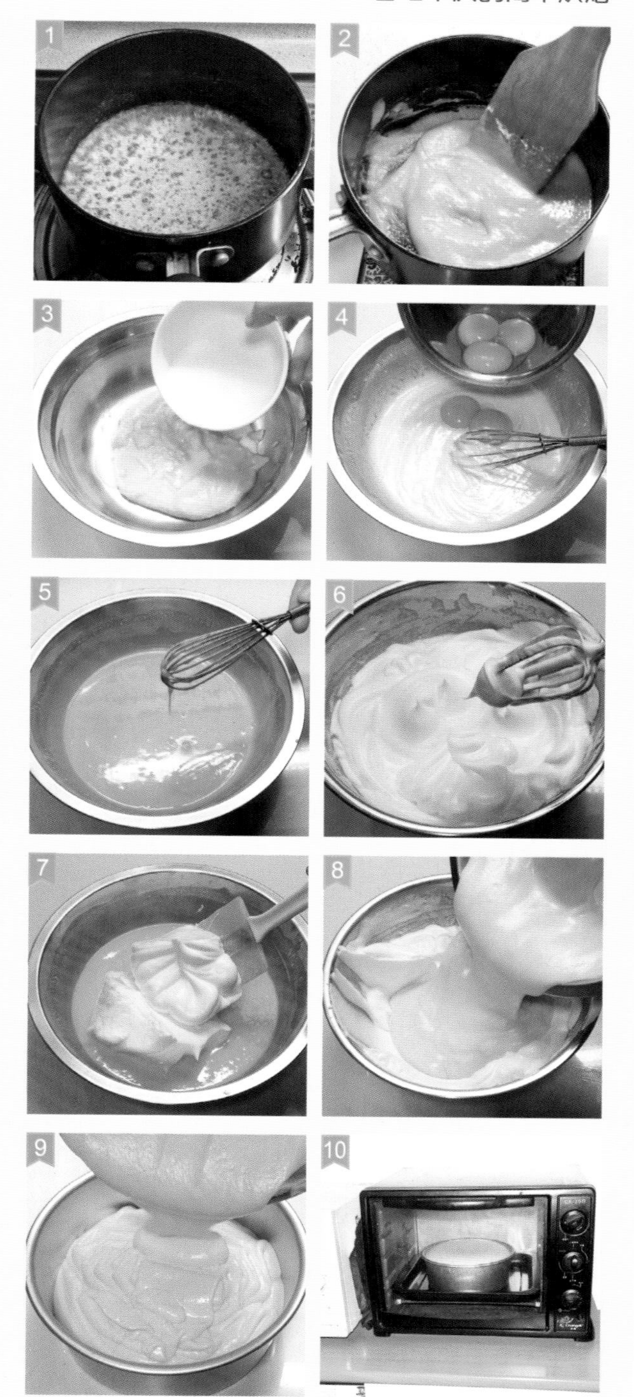

做法

① 将黄油切成小块，于室温软化后，放入小锅内用中小火煮至沸腾（冒小泡即可熄火）。

② 将锅端离火，趁热倒入低筋面粉及盐，迅速搅拌成面糊状。

③ 将面糊用橡皮刮刀转移到大盆内，加入常温鲜奶，一边加一边用手动打蛋器搅拌均匀。

④ 再分次加入蛋黄，每次都要用手动打蛋器搅拌均匀。

⑤ 搅拌好的蛋黄面糊较普通戚风蛋糕面糊要稀。

⑥ 细砂糖、玉米淀粉事先在碗内用手动打蛋器搅拌均匀，分3次加入蛋白内打至接近十分发。

⑦ 取1/3蛋白霜倒入蛋黄面糊内，用橡皮刮刀翻拌均匀。

⑧ 再倒回剩下的2/3蛋白霜内，翻拌均匀。

⑨ 将制好的蛋糕糊倒入模具内。

⑩ 烤箱于140℃预热，放入模具，以140℃、最底层烤25分钟，再转170℃烤25分钟。

小贴士

- 煮黄油时不要煮得时间太长，沸腾即可熄火。需趁热加入面粉搅拌至均匀受热。烫好的面糊需转移到盆内再加鲜奶，以免锅内的余热吸收水分。
- 蛋白的打发，新手可先尝试打至十分发，熟练后改为九分发，口感会更细腻。

摩卡蛋糕卷

参考分量：10个

主要工具：手动打蛋器、裱花袋、橡皮刮刀、塑料刮板、油纸、抹刀、烤箱

材料

面糊：蛋黄200克（12～15个鸡蛋），细砂糖100克，低筋面粉200克，泡打粉6克，水110毫升，色拉油90毫升，咖啡粉10克

蛋白：蛋清400克，细砂糖160克，塔塔粉4克

蛋糕夹层：蓝莓果馅或打发的甜奶油适量

做法

① 分离蛋清和蛋黄；低筋面粉和泡打粉混合过筛。

② 制作面糊：将细砂糖、水、色拉油、咖啡粉放入盆中，用打蛋器搅拌均匀。倒入过筛后的粉状物，用打蛋器搅拌成无干粉的面糊。加入蛋黄，搅拌成顺滑的糊状即可。

③ 制作蛋白：塔塔粉加入蛋清中，用打蛋器快速搅拌均匀，分次加入细砂糖，打发至鸡尾状即可。

④ 蛋白分2～3次加入面糊中。

⑤ 用橡皮刮刀搅拌均匀成蛋糕糊。

⑥ 将蛋糕糊倒入铺有油纸的烤盘中，用塑料刮板抹平表面。

⑦ 将烤盘放入提前预热好的烤箱中层，上火190℃，下火160℃，烤约25分钟取出，去油纸放凉，切去多余边角，用裱花袋将蓝莓果酱或打发的甜奶油挤在蛋糕表面，抹平后用双手轻轻卷起。

⑧ 冷藏30分钟后切块。

抹茶蛋糕卷

参考分量：10个

主要工具：打蛋器、橡皮刮刀、抹刀、筛子、油纸、烤箱

材料

面糊：蛋黄200克（10～15个鸡蛋），牛奶120毫升，细砂糖60克，盐1克，色拉油120毫升，低筋面粉180克，抹茶粉15克，泡打粉3克

蛋白：蛋清400克，塔塔粉4克，细砂糖150克

馅料：甜奶油适量

做法

① 分离蛋清和蛋黄；低筋面粉、抹茶粉、泡打粉混合过筛。盆中放入盐、细砂糖、牛奶、色拉油，用打蛋器搅匀。

② 加入过筛后的粉状物，用打蛋器搅拌成无干粉的面糊，加入蛋黄，搅拌成顺滑的糊状。

③ 制作蛋白：蛋清中加入塔塔粉搅匀，分2次加入细砂糖，用打蛋器快速搅拌至细砂糖化开后，打发成鸡尾状。

④ 将蛋白分次倒入面糊中，用橡皮刮刀快速搅匀成蛋糕糊。

⑤ 倒入铺有油纸的烤盘中，抹平表面，放入预热好的烤箱中层，上火190℃，下火160℃，烤约20分钟，取出。

⑥ 将烤好的蛋糕坯倒扣在另一张油纸上，去表面油纸，放凉后切去多余边角。

⑦ 将甜奶油打发至呈顺滑的流动状态，在蛋糕上涂上一层厚厚的甜奶油，抹平表面后卷起。

⑧ 冷藏30分钟后切块即可。

超润巧克力蛋糕

参考分量：3个

主要工具：手动打蛋器、裱花袋、筛子、橡皮刮刀、模具、烤箱

材料

低筋面粉85克，可可粉15克，泡打粉4克，黄油65克，白砂糖60克，鸡蛋1个，动物性鲜奶油70克，巧克力豆50克，巧克力粉适量，草莓适量

做法

① 黄油提前放至室温下软化；粉类混合过筛，备用。将黄油用手动打蛋器打散。黄油中加入白砂糖，用手动打蛋器搅打至膨胀。

② 鸡蛋打散，将全蛋液分2次加入黄油中，搅打均匀呈乳膏状。

③ 将过筛后的粉类和60克动物性鲜奶油分2～3次加入黄油混合物中，先用打蛋器搅拌，再用橡皮刮刀拌匀。

④ 向面糊中加入巧克力豆

⑤ 用橡皮刮刀将所有材料充分拌匀。

⑥ 将面糊用橡皮刮刀装入裱花袋中。

⑦ 挤入模具内至七分满。放入预热到175℃的烤箱中层，上下火，烘烤25～28分钟。将剩下的10克鲜奶油放入裱花袋中，挤在蛋糕上，撒适量巧克力粉，放上草莓装饰即可。

草莓蛋糕卷

参考分量：1卷

主要工具：手动打蛋器、裱花袋、筛子、塑料刮板、筛子、油纸、橡皮刮刀、烤箱

材料

蛋糕：热牛奶80毫升，橄榄油45毫升，低筋面粉50克，玉米淀粉16克，鸡蛋6个，白砂糖80克

馅料：动物性淡奶油150克，白砂糖15克

装饰：草莓适量

做法

① 分离蛋清和蛋黄；热牛奶加入橄榄油拌匀；低筋面粉和玉米淀粉混合过筛，加入热牛奶盆中拌匀，然后加入蛋黄。

② 将盆中食材搅拌均匀。

③ 用打蛋器将蛋清打发。

④ 分3次加入80克白砂糖，打至湿性发泡，即提起打蛋器后蛋清呈弯勾状态即可。

⑤ 将蛋清和蛋黄糊混合均匀（切记不可划圈搅拌），至蛋糕面糊顺滑无干粉颗粒。

⑥ 将蛋糕糊倒入铺有油纸的烤盘中，抹平。

⑦ 将烤盘放入预热到180℃的烤箱中层，上下火，烘烤20分钟出炉，倒扣在一张油纸上，揭下底部油纸，冷却。冷却后将蛋糕片倒扣在另一张油纸上，切去多余边角。

⑧ 淡奶油加15克白砂糖打发，均匀地涂抹在蛋糕片表面。在蛋糕片上放上草莓，卷起后放入冰箱冷藏。待馅料凝固时切片。

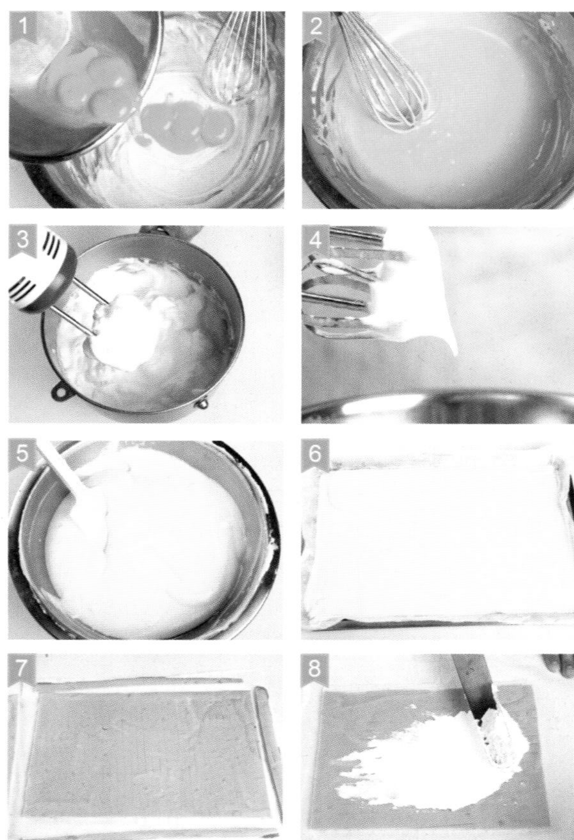

乳酪蒸蛋糕

参考分量：8个

主要工具：电动打蛋器、面粉筛、模具、烤箱

材料

鸡蛋2个，绵白糖100克，低筋面粉100克，泡打粉6克，色拉油28克，牛奶100克，奶油乳酪100克

做法

① 将奶油乳酪用打蛋器打软，加入绵白糖打至微发。

② 将鸡蛋液分次加入其中，拌匀。

③ 慢慢加入牛奶，搅拌均匀。把过筛后的低筋面粉和泡打粉加入其中，充分搅拌均匀。

④ 再加入色拉油搅拌均匀。

⑤ 将蛋糕糊倒入圆形杯子模具内，约八分满。

⑥ 再将其放入烤盘中。在烤盘内注入开水，至模具的1/2高度。

⑦ 将蛋糕坯放入烤箱内，以上下火160℃/160℃烘烤25分钟左右即可。

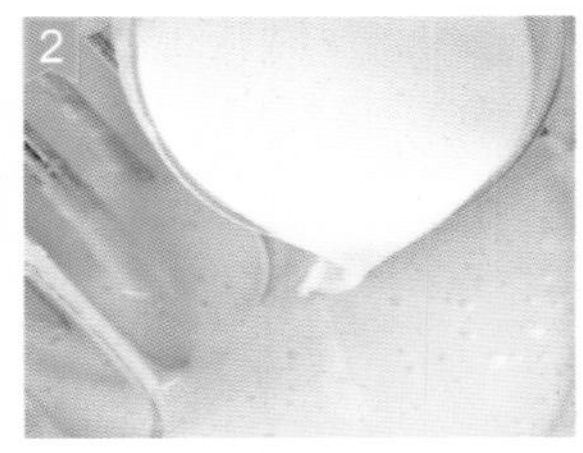

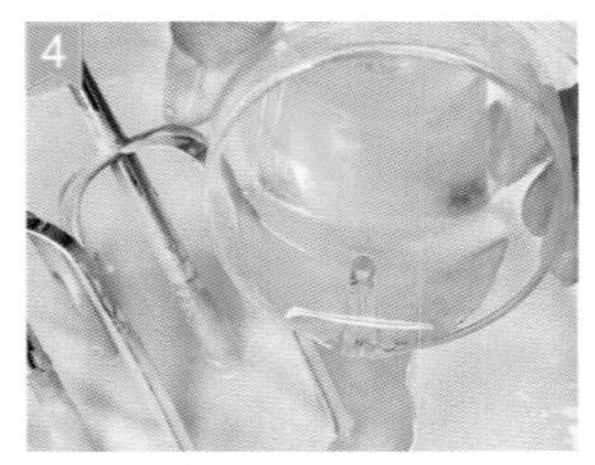

小贴士

· 奶油乳酪要提前常温回软。

草莓乳酪蛋糕

主要工具：电动打蛋器、面粉筛、裱花袋、模具、烤箱

材料

乳酪200克，绵白糖10克，蛋黄1个，白兰地10克，酥油35克，低筋面粉25克，草莓粒45克，蛋白1个，绵白糖50克，白巧克力适量，巧克力棒适量

做法

① 将乳酪稍作软化，加入绵白糖搅拌至微发。

② 加入蛋黄液搅拌均匀。

③ 加入化好的酥油搅拌均匀。

④ 加入过筛后的低筋面粉拌匀。

⑤ 将蛋白液和绵白糖放在一起，搅拌至中性发泡。

⑥ 将草莓切成碎粒，提前用白兰地浸泡好，加入面糊中搅拌均匀。

⑦ 取1/3打发好的蛋白与面糊拌匀。

⑧ 将剩余的蛋白加入其中，搅拌均匀。

⑨ 将蛋糕糊装入裱花袋，挤入模具内，九分满即可。

⑩ 将蛋糕坯放入烤盘中，再往烤盘中倒入开水，以上火190℃、下火170℃隔水烘烤35分钟左右。

⑪ 烤好的蛋糕出炉冷却，将事先化开的白巧克力液淋在蛋糕表面。用草莓和巧克力棒装饰一下即可。

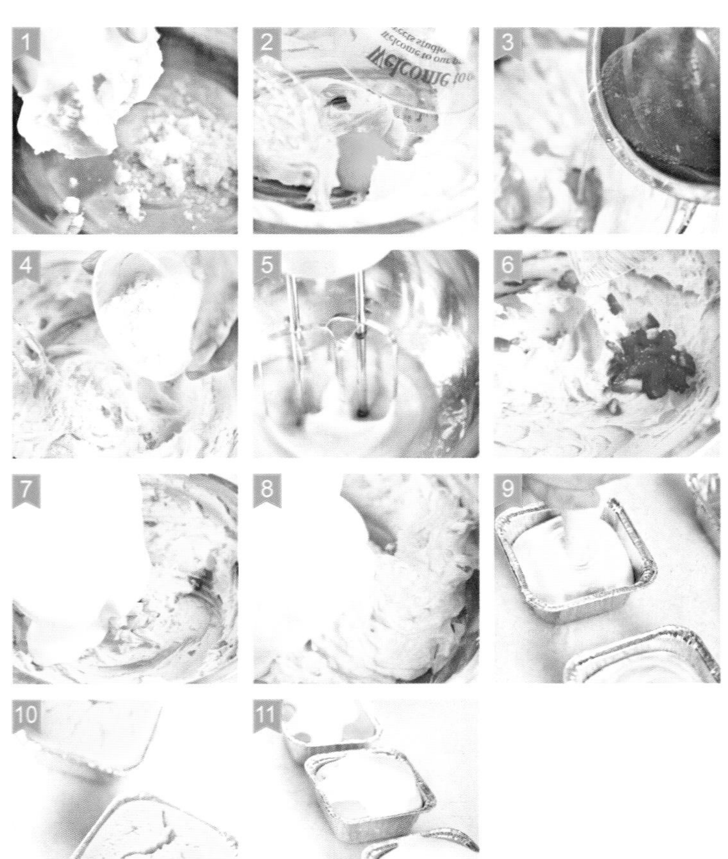

轻乳酪蛋糕

参考分量： 7寸蛋糕1个

主要工具： 7寸活底圆模、手动打蛋器、电动打蛋器、橡皮刮刀、锡纸、烤箱

材料

A：奶油奶酪150克，鲜奶150克

B：蛋黄3个（60克），黄油38克，低筋面粉30克，玉米淀粉20克

C：蛋白3个（120克），细砂糖75克

做法

① 奶油奶酪切小块，加入1/4的鲜奶隔温水软化。一边加热，一边搅拌至呈乳膏状时端离热水。

② 分次少量地加入剩下的3/4鲜奶，一边加一边用手动打蛋器搅拌均匀。

③ 分次加入蛋黄，用手动打蛋器搅拌均匀。

④ 黄油切小块隔水化成液态，加入步骤3奶酪糊中搅拌均匀。

⑤ 筛入低筋面粉及玉米淀粉。

⑥ 用手动打蛋器搅拌均匀至无面粉颗粒。

⑦ 蛋白加砂糖打至湿性发泡（约八分发）。

⑧ 取1/3蛋白霜加入步骤6面粉糊内，用橡皮刮刀翻拌均匀。

⑨ 倒回剩下的2/3蛋白霜内混拌均匀。

⑩ 所有材料倒入底部包有锡纸的活底圆形模具内。

⑪ 蛋糕糊放烤箱倒数第二层，底部插一盛满水的烤盘，以150℃烤40分钟，转170℃烤20分钟即可。

⑫ 烤好的蛋糕放至自然冷却，在表面涂上黄色果胶，再移入冰箱冷藏6小时脱模。

小贴士

- 冷藏保存的奶酪不易搅拌均匀，要隔水加热软化后才容易搅拌。
- 轻乳酪蛋糕的蛋白不宜打发过度，否则烘烤时会膨胀开裂，并且口感干燥。
- 蛋白的含糖量高，若只打至八分发，拌好的面糊流动性很大，最好在活底模具外包上锡纸以防渗漏。
- 切蛋糕先用热水把刀烫一下，切得会比较漂亮。每切一次都要重新洗干净再切。
- 水浴法：为保持芝士类蛋糕口感湿润、细腻，多采用隔水烘烤法。最底层插一烤盘，里面盛满水，倒数第二层插烤网，摆放蛋糕模，但在烘烤过程中要始终保持烤盘内有水。烤好的蛋糕无需倒扣，口感和普通的戚风蛋糕是完全不同的。

水蜜桃红茶蛋糕

主要工具：手动打蛋器、模具、烤箱

材料

无盐奶油	100克
糖粉	98克
鸡蛋	2个
米粉	55克
低筋面粉	5克
杏仁粉	50克
泡打粉	1克
细盐	1克
伯爵茶	5克
黄桃	45克
低筋面粉	适量

糖浆材料：

黄桃汁	15克
水	7克
白朗姆酒	15克

做法

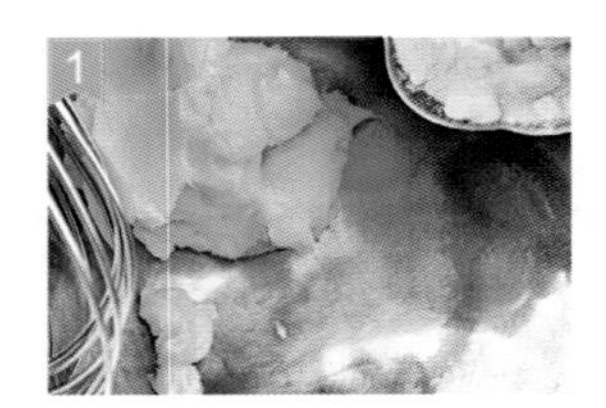

1 将无盐奶油和糖粉一起搅拌至发白为止。

2 将鸡蛋分次加入，搅拌均匀。

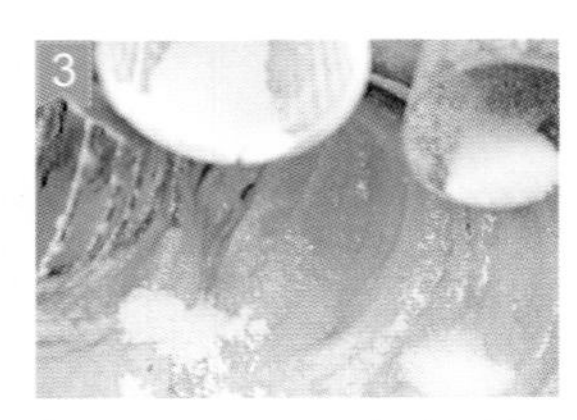

3 加入细盐和泡打粉拌匀。

4 加入杏仁粉和伯爵茶，搅拌均匀。

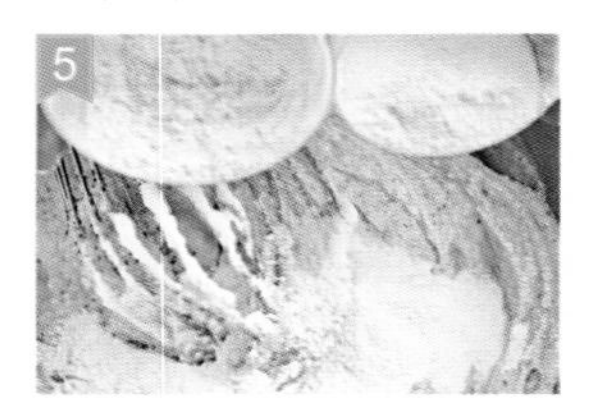

5 加入低筋面粉和米粉，拌匀成面糊。

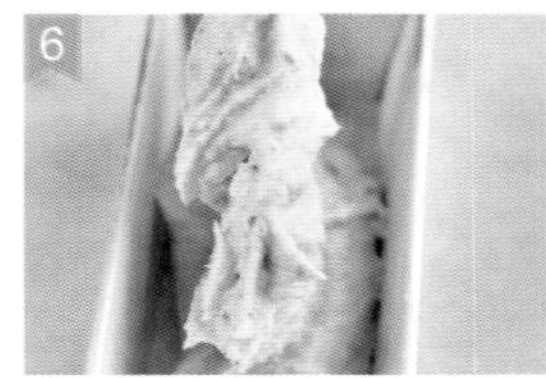

6 将面糊倒入模具中约四分满，备用。

7 将黄桃和适量低筋面粉拌一下，倒入模具中，再将剩余的面糊倒入约八分满，轻振两下，入烤箱以上下火180℃/160℃烤约40分钟。

8 将制糖浆的三种材料放在一起拌匀。

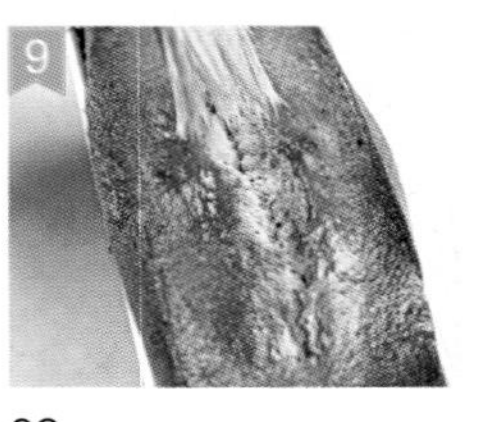

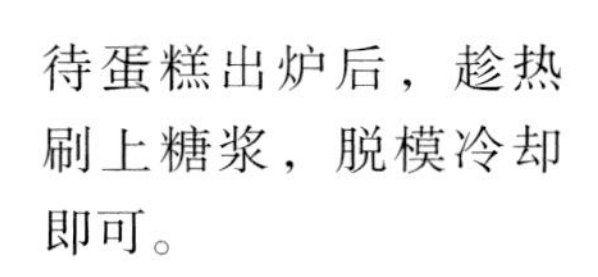

9 待蛋糕出炉后，趁热刷上糖浆，脱模冷却即可。

巧克力米蛋糕

主要工具：橡皮刮板、电动打蛋器、裱花袋、模具、烤箱

材料

香蕉	50克
蛋黄	30克
细盐	0.4克
牛奶	15克
色拉油	20克
米粉	60克
蛋白	60克
绵白糖	30克
耐烘烤巧克力豆	30克

做法

① 将香蕉去皮，放在容器中压成泥。

② 加入蛋黄液、细盐，混合拌匀。

③ 加入牛奶、色拉油，混合拌匀。

④ 将米粉过筛后加入步骤3的混合物中，充分搅拌均匀，备用。

⑤ 将蛋白液放在另一容器中打发好。

⑥ 加入绵白糖搅拌至糖溶化。

⑦ 用电动打蛋器快速打发至中性发泡。

⑧ 先取1/3打好的蛋白加入蛋黄液中，用刮板拌匀。

⑨ 再倒回到剩余的蛋白液中拌匀。

⑩ 将蛋糕糊装入裱花袋中，挤入模具中约九分满。

⑪ 将蛋糕坯放入烤盘，将巧克力豆撒在蛋糕坯的表面。

⑫ 将蛋糕坯放入事先预热好的烤箱中，以上火180℃、下火150℃烘烤约20分钟即可。

小贴士

· 香蕉泥要压匀。

· 烤箱要提前预热。

香蕉蔓越莓小马芬

参考分量： 15个

主要工具： 电动打蛋器、裱花袋、筛子、模具、烤箱

材料

熟香蕉2根，鸡蛋2个，黄油50克，牛奶40毫升，白砂糖40克，低筋面粉120克，泡打粉2克，小苏打2克，香草精适量，蔓越莓干适量，盐适量，糖水（或果酒）适量

做法

① 低筋面粉、泡打粉、小苏打分别过筛；蔓越莓干放入糖水（或者果酒）中浸泡20分钟；黄油提前放置室温下软化，放入盆中。

② 盆中加入牛奶、白砂糖、香草精和盐，搅拌至所有材料充分融合在一起，且混合物呈浅黄色，体积膨胀。

③ 鸡蛋打散，缓缓加入黄油混合物中，搅拌均匀。香蕉去皮捏成泥，加入黄油中。

④ 将盆内食材搅拌均匀。

⑤ 把过筛后的低筋面粉、泡打粉、小苏打分次加入蛋糊中，搅拌至所有材料融合在一起。

⑥ 将面糊装进裱花袋中。

⑦ 在裱花袋前端剪一个小口，将面糊挤进小马芬模具中，装至九成满即可。然后在面糊上面均匀地撒上一层蔓越莓干。将装有蛋糕糊的模具放入预热至170℃的烤箱中层，上下火，烘烤25分钟，至表面金黄色即可。

蓝莓芝士蛋糕

参考分量：6寸蛋糕1个

主要工具：6寸活底圆模、电动打蛋器、烤箱

材料

饼干底材料：消化饼干90克，黄油30克

蛋糕材料：奶油奶酪 300克，细砂糖65克，鸡蛋1颗（60克），玉米淀粉15克，鲜奶120克，新鲜蓝莓15颗，蓝莓果酱60克

做法

① 饼干掰小块，用搅拌机搅成粉状。黄油化成液态拌入饼干屑内，倒入模具，用饭铲压平，模具四周涂上黄油防粘，移入冰箱冷冻。

② 奶油奶酪切小块，加入砂糖隔水加热至变软。

③ 将变软的奶酪用电动打蛋器搅打成膏状，分次少量地加入鲜奶拌匀。

④ 加入整个鸡蛋搅拌均匀。

⑤ 加入玉米淀粉搅拌均匀，即为芝士面糊。

⑥ 取出冻硬的饼干底模，将芝士面糊倒入模具内，再撒上新鲜蓝莓粒。

⑦ 烤箱预热，最底层插一装满水的烤盘，将模具放在倒第二层烤网上，于165℃烘烤50分钟。

⑧ 烤好的蛋糕放凉后移入冰箱冷藏4小时以上方可脱模。脱模后的蛋糕在中心位置涂上蓝莓果酱，四周摆上蓝莓装饰即可。

1

2

3

4

5

6

小贴士

· 新鲜蓝莓容易变质，因此放冷藏室内也仅能保存两天。

· 蓝莓放入芝士糊内，会很快沉底，因此应事先预热好烤箱尽快烘烤。

· 若买不到蓝莓也可不放。在蛋糕表面涂上蓝莓果酱也别有一番风味。

舒芙蕾

参考分量：5个

主要工具：手动打蛋器、网筛、电动打蛋器、橡皮刮刀、纸杯、烤箱

材料

A：黄油	25克
低筋面粉	25克
鲜牛奶	150克
蛋黄	2颗（40克）
香草精	1/4小匙
B：蛋白	3颗（120克）
柠檬汁	3滴
糖粉	35克
C：涂抹黄油	10克
细砂糖	适量

做法

① 材料C中黄油室温软化，涂抹在烤杯内侧，撒细砂糖，将烤杯侧放转动，使之均匀粘满杯壁，倒掉多余的砂糖。

② 材料A中黄油于室温下软化，用手动打蛋器搅拌松散后，加入低筋面粉拌匀制成面糊。

③ 将牛奶加热至60℃，加入香草精混合，倒入面糊内，用手动打蛋器搅拌均匀。

④ 拌好的面糊水用网筛过滤到小锅内。

⑤ 锅置小火上，一边煮一边用木铲搅拌，直至煮成可流动的糊状。

⑥ 将煮好的面糊倒入盆内略降温，加入打散的蛋黄液。

⑦ 用手动打蛋器搅拌成可流动的糊状。

⑧ 蛋白加柠檬汁、糖粉，用电动打蛋器搅打至九分发。

⑨ 取1/3打发蛋白霜加入面糊内拌匀。

⑩ 再倒回剩下的2/3蛋白霜内拌匀，制成可流动的蛋糕面糊。

⑪ 将做好的蛋糕面糊装入杯内，并将表面抹平整，放入烤盘。

⑫ 烤箱于200℃预热，以上下火、200℃、中层烤15分钟。烤好后立即在表面筛上糖粉即可。

小贴士

· 舒芙蕾是膨胀鼓起的意思，是由含有空气的蛋白霜加热膨胀而成。因其含面粉量低，在出炉后短短几分钟内就会塌陷。所以要现烤现吃，烤好后要立即上桌。

· 煮面糊时要不停地搅拌锅底，以免锅底的面粉结块。煮好的面糊要降至体温再加入蛋黄液，否则容易把蛋黄液烫熟。

芒果芝士冻饼

参考分量：5个

主要工具：6寸心形慕斯圈（可用6寸圆形活底模做成）、电动打蛋器、手动打蛋器、锡纸

材料

饼干底：消化饼干90克，黄油 35克

顶部装饰镜面胶：鱼胶粉1小匙，橙汁3大匙

蛋糕体材料：A: 奶油奶酪200克，细砂糖50克

B: 芒果肉200克　C: 鱼胶粉（3+1/4）小匙，冷水3大匙　D: 动物鲜奶油100克

做法

① 鱼胶粉加冷水泡软，芒果去皮取肉，放入搅拌机内打成果泥。

② 慕斯圈底部包上两层锡纸，用纸胶带固定，底部用盘子托着。制好饼干底，冷冻。

③ 奶油奶酪切小块，加入砂糖，隔水加热软化。

④ 边软化边搅拌至无明显颗粒状，端离热水。

⑤ 加入芒果泥搅拌均匀，放凉至与体温差不多的温度。

⑥ 鱼胶粉隔水溶化成液态，加入芒果芝士糊中搅拌均匀。

⑦ 动物鲜奶油用电动打蛋器打至六分发，体积膨大一倍，略微流动。

⑧ 将打发奶油加入芝士糊中，充分搅拌均匀。

⑨ 加入少量切块芒果肉拌匀。

⑩ 将拌好的芝士糊倒入模具内。装好后，轻轻晃动一下托盘，使里面的芝士糊平坦。移入冰箱冷藏4小时。

⑪ 鱼胶粉加橙汁泡软，隔水溶化成液态。将温凉的鱼胶水倒入模具（温度要把握，太热会融化芝士层，太凉会结块）。

⑫ 再次移入冰箱，冷藏1小时，脱模时先将垫底的锡纸移去，移到盘子上，用电吹风沿边缘吹1分钟，提起慕斯圈即可。

小贴士

· 软化芝士糊加刚溶化的鱼胶液体温度都较高，要放凉至同体温差不多时，才可加入打发鲜奶油。温度过高会将打发奶油冲至化掉。

· 用慕斯圈做饼干底时，底部要垫上一个盘子以方便移动，不然饼干就会松散开来。

蓝莓瑞士卷

参考分量：10个

主要工具：手动打蛋器、裱花袋、塑料刮板、拉花针、抹刀、油纸、烤箱

材料

面糊：蛋黄120克，全蛋180克（约4个），细砂糖180克，葡萄糖浆30毫升，低筋面粉210克，泡打粉2克，香草粉3克，牛奶40毫升，色拉油50毫升

蛋白：蛋清300克，细砂糖120克

蛋糕夹层：蛋黄40克，蓝莓果酱适量

做法

① 低筋面粉、泡打粉、香草粉混合后过筛。盆中放入180克全蛋、120克蛋黄、180克细砂糖、30毫升葡萄糖浆，用打蛋器打至细砂糖化开，体积膨胀。

② 蛋液盆中分次加入过筛后的粉状物，搅匀后加入牛奶、色拉油充分搅拌，制成面糊。

③ 蛋清中加入120克细砂糖，用手动打蛋器打成鸡尾状，分次加入面糊中，搅拌均匀成蛋糕糊。

④ 将蛋糕糊倒入铺有油纸的烤盘中，用刮板抹平。

⑤ 用装有蛋黄的裱花袋在蛋糕糊表面均匀地挤约2厘米的横线。用拉花针垂直于蛋黄横线拉花。

⑥ 完成后放入预热好的烤箱中层，上火180℃，下火170℃，烤约20分钟，取出，放凉后倒扣在另一张油纸上，去多余边角，将蓝莓果酱挤在蛋糕表面。

⑦ 将果酱抹平后再将蛋糕坯卷起。

⑧ 冷藏1小时后切块。

第四章

憨态可掬 松软面包

草长莺飞，想念已久的春天终于如期而至。
当她来临，肌肤与躯干一起苏醒，
整个世界在丝丝缕缕地颤动，为她娇红，为她新生。
沐浴在这样充满生机与希望的春色里，喜悦与欢畅充盈身心，
想要去大自然中游戏，感受温柔的风和和煦的阳光。
我喜欢约两三好友，在生机盎然的风景里，谈笑风生。
美味的面包，奶香四溢的小甜点，再配些水果与花茶，
完美的下午就在谈笑中偷偷溜走了。

扫码看视频

直接法制作面包

直接法：又称一次发酵法，就是将所有制作面包的材料一次调成面团，然后进行发酵制作工序。本书采用的是后盐、后油法，即盐和黄油是在面团揉和到一定程度后加入。本方法制作过程简单，即使是初学者，也可以轻易完成。

面团材料：
A：高筋面粉160克，低筋面粉40克，细砂糖20克，鸡蛋30克，清水100克，盐、酵母粉各3克
B：黄油20克

① 将高筋、低筋面粉混合，称出一半，加盐放小碗内。材料A中其他材料倒入大盆内混合。

② 用橡皮刮刀将大盆内的材料充分搅拌约3分钟，至看到微小气泡。

③ 将小碗内的面粉及盐倒入大盆内，用橡皮刮刀混合成面团，提到案板上，单手向前方轻摔，一开始面团还未起筋性，动作要轻。

④ 将面团折起。

⑤ 左手中指在面团中央辅助，将面团转90°。

⑥ 提起面团。

⑦ 再次单手将面团向前方轻摔。

⑧ 如此反复摔打，直至面团表面略光滑。

⑨ 双手撑开面团，拉出稍粗糙、稍厚的薄膜。

⑩ 重新将面团放入面盆，裹入黄油。单手反复用力按压面团，直至黄油完全被吸收。

⑪ 先在盆内摔打面团，直至重新变得比较光滑，再提至案板，继续摔打，面团逐渐产生筋性，此时加大力度和速度，直至面团表面很光滑。

⑫ 切下小块面团，撑开可拉出小片略透明、不易破裂的薄膜。此为面团扩展阶段：适合做软式面包。

⑬ 继续摔打，直至面团可拉出大片略透明、不易破裂的薄膜。此为面团完全阶段：适合做吐司面包。

⑭ 取一干净的盆，盆底涂几滴色拉油。放入面团，盖保鲜膜，于30℃基础发酵约50分钟。

⑮ 当面团发酵至原大的2~2.5倍，用手指蘸干面粉插入面团内，孔洞不立即回缩即成基本发酵面团。

扫码看视频

中种法制作面包

中种法：是使用50%以上面粉与酵母和水等混合，调制成面团进行发酵成熟得到种子面团，再与其余原料混合，制成主面团进行发酵的方法。

优点：发酵时间长，面团成熟同时吸水，内相湿软，纹理均匀细密，体积大，保水性好，老化慢。

缺点：与直接法比较，面团制作时间长，操作复杂。

中种材料：
A：酵母粉1/2小匙，清水50克
B：高筋面粉140克，细砂糖10克，全蛋40克

面团材料：
C：高筋面粉20克，低筋面粉40克，细砂糖40克，细盐2克，奶粉7克，清水35克
D：黄油30克

① 先将材料A酵母粉及清水混合，静置5分钟，至酵母溶化至无颗粒。

② 将材料A及材料B放入盆内混匀（约3分钟）。混合好的面团盖保鲜膜发酵（30℃）35分钟。

③ 至面团发酵至2倍大即可。

④ 将C材料中的清水加入中种材料中，混合。

⑤ 加入C材料中的所有粉类混合。

⑥ 混合成团状，再重复p.102直接法3~15步即可。

汤种法制作面包

汤种法：取部分面粉加水加热（也可用明火或微波炉加热）至一定温度，使淀粉产生糊化制成汤种，汤种冷却后再和面粉、水、酵母等材料混合制成面包面团。

优点：淀粉糊化使吸水量增强，因此面包的组织柔软、有弹性、可延缓老化。

汤种材料：高筋面粉25克，清水100克

面团材料：
A：高筋面粉150克，低筋面粉50克，奶粉2大匙，酵母粉3/4小匙，细砂糖、鸡蛋各30克，盐1/4小匙，清水40克，汤种95克
B：黄油25克

① 取25克高筋面粉及100克清水，倒入奶锅内，充分搅匀至无明显面粉粒。

② 开小火，一边煮一边搅拌至呈糊状即可。

③ 煮好的汤种，要盖上保鲜膜防止水分流失，移入冰箱冷藏1小时方可使用。

④ 从材料A称出2/3的面粉及盐后，放其他的材料和汤种一起混合。

⑤ 用橡皮刮刀充分搅拌，混合成糊状。

⑥ 放入2/3面粉及盐混合成团，提至案板摔打（参照p.102直接法3～15步），制成发酵面团。

胡萝卜吐司

4个

打蛋器、筛子、450克吐司模具、擀面杖、榨汁机、刷子、烤箱

材料

面团：	高筋面粉	1000克
	酵母	12克
	改良剂	5克
	盐	10克
	细砂糖	150克
	奶粉	50克
	鸡蛋	150克（约3个）
	黄油	60克
	胡萝卜	650克
表面：	全蛋液	适量

做法

① 取150克胡萝卜切丁，炒熟。

② 500克胡萝卜榨汁备用。

③ 将酵母、改良剂、盐、细砂糖、奶粉、鸡蛋、胡萝卜汁、胡萝卜丁依次放入盆中，搅拌至材料化开后，加高筋面粉搅匀。

④ 用手揉面至半扩展阶段时，加黄油，继续揉面至能够拉出薄膜的扩展状态。将面团进行发酵，在温度28℃、湿度70%的环境下，发酵1小时。

⑤ 将面团排气后分成每个约重100克的小面团，搓圆，进行醒发。在温度28℃、湿度70%的环境下，醒发30分钟。

⑥ 将面团擀成牛舌状面片，向上向内卷成圆柱形面团，再擀成牛舌状面片。

⑦ 重复卷起。完成后，4个一组放入450克吐司模具中进行发酵。在温度35～38℃、湿度70%的环境下，发酵1小时。

⑧ 待面团发酵至模具盒高度的80%时，在其表面涂全蛋液，盖盖，放入预热好的烤箱中层，上火160℃，下火220℃，烤约30分钟，出炉后脱模，冷却后即可。

鸡蛋吐司

参考分量：3个

主要工具：450克吐司模具、擀面杖、锡纸、烤箱

材料

A：高筋面粉280克，细砂糖40克，酵母粉1小匙，鸡蛋2颗（100克），清水85克，奶粉2大匙，细盐（1/2+1/4）小匙

B：黄油25克

准备工作

参照p.102直接法，制成基础发酵面团。

做法

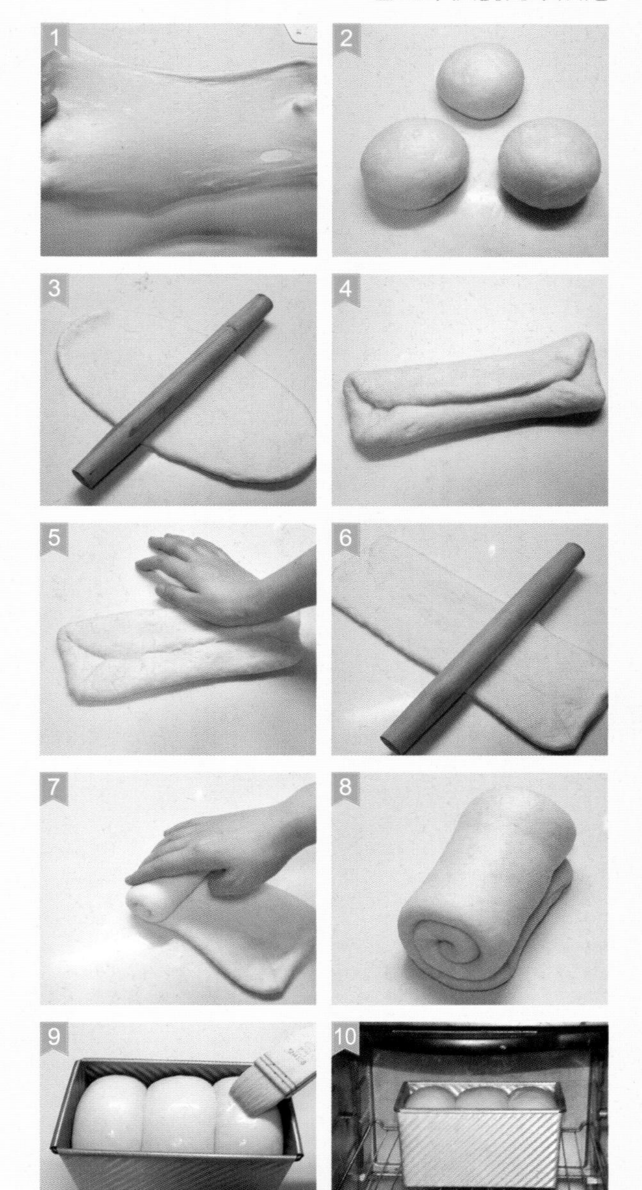

① 将面团揉至可拉出大片薄膜，放置面盆内发酵至2.5倍大。

② 首次发酵完成后，分割成3等份，滚圆松弛15分钟。

③ 将面团擀成椭圆形。

④ 翻面，将两对边分别向中间对折。

⑤ 用手按压排气。

⑥ 擀成和模具等宽的长条。

⑦ 由上向下卷起。

⑧ 卷好的样子如图所示。

⑨ 将内口靠紧模具内壁，均匀地排放好3个面团，盖上保鲜膜进行最后发酵。面团涨至九分满时，刷蛋白液。

⑩ 烤箱于200℃预热，以上下火、180℃、底层烤35~40分钟。烤10分钟后，见表面上色已深时要加盖锡纸。

小贴士

- 鸡蛋吐司含蛋量高，很容易上色，只需在表面刷蛋白液即可。烤制过程中，要提早加盖锡纸以免表面上色过深。
- 吐司刚出炉时，要将模具大力摔两下，然后再将吐司倒出模具（以防吐司变形），放在烤架上晾凉。可使用三能金波防粘吐司模，不需要先涂油防粘。如果是使用普通的铸铁吐司模具，需要事先在模具里刷上一层软化黄油防粘。
- 刚烤好的吐司很柔软不要急于切片，要待其完全冷却后再切片。

牛奶面包

参考分量：6个

主要工具：擀面杖、面包剪、烤箱

材料

A：	高筋面粉	200克
	酵母粉	（1/2+1/4）小匙
	砂糖	30克
	鸡蛋	30克
	牛奶	100克
	盐	1/2小匙
B：	黄油	35克
C：	粗砂糖	1/2大匙

准备工作

参照p.102直接法，制成基础发酵面团。

做法

① 面团首次发酵完成后，分割滚圆成6份，松弛10分钟。

② 将面团擀成椭圆形。

③ 由上至下用双手卷起。

④ 卷起的状态如图所示。

⑤ 卷好后，反面捏紧收口。

⑥ 再翻过来即整形完毕。

⑦ 放入烤盘内进行最后发酵，中间预留空隙。

⑧ 当发酵至2倍大时，刷上全蛋液，用利剪剪出5道口子。

⑨ 在刀口上撒粗砂糖。

⑩ 烤箱于200℃预热，以上下火、180℃、中层烤18~20分钟。

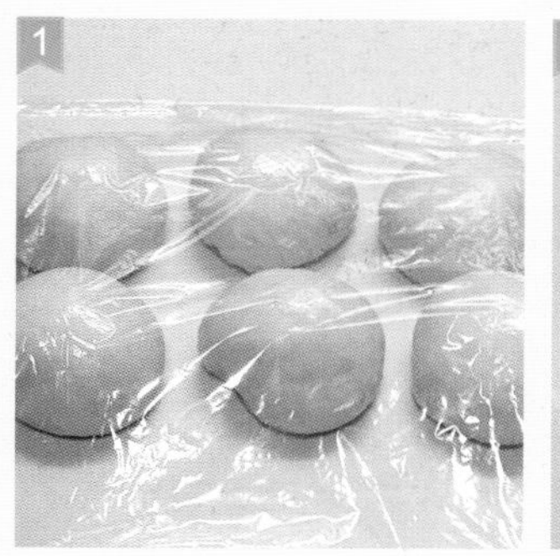

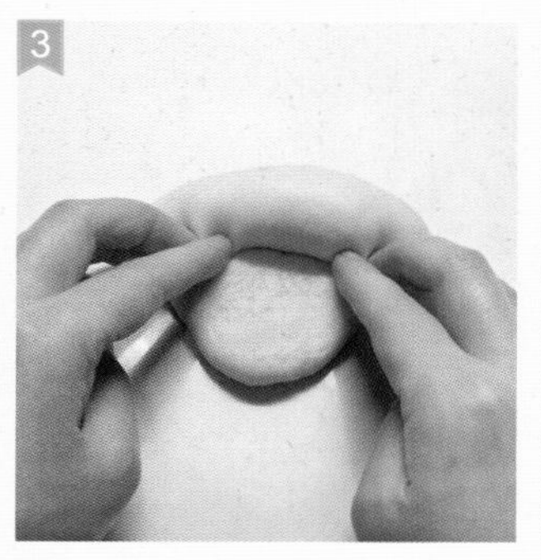

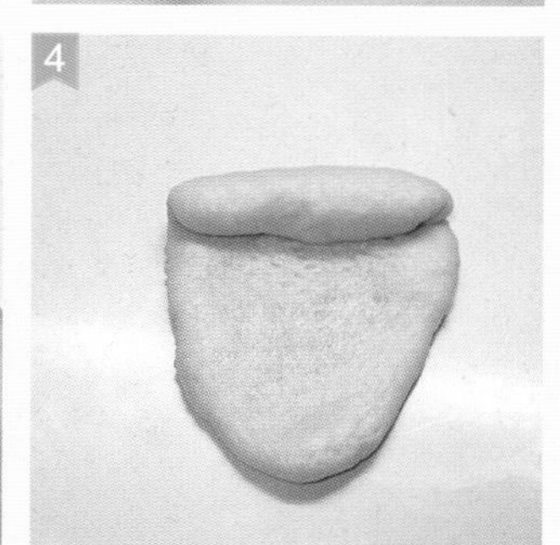

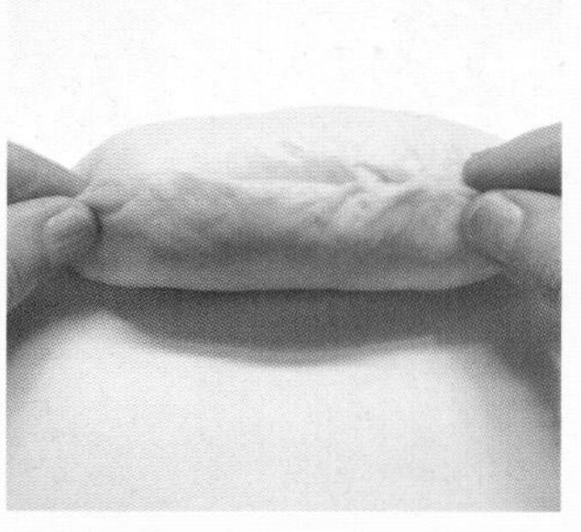

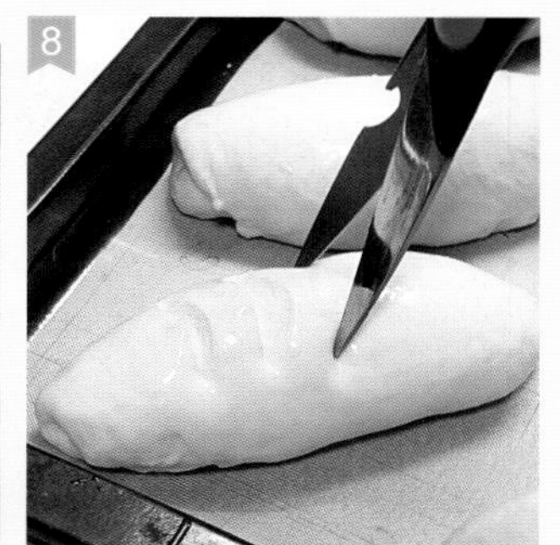

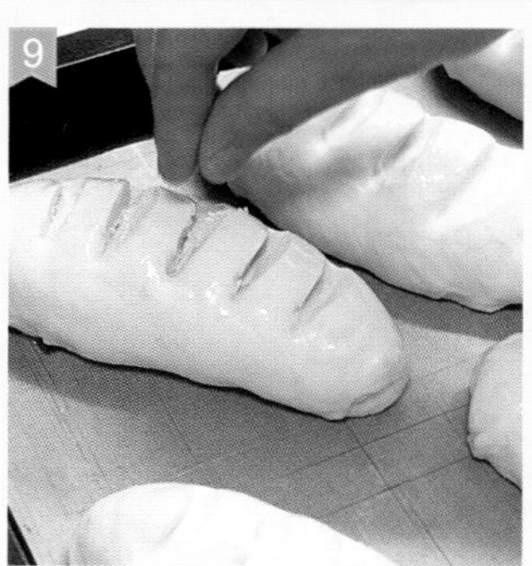

杂粮玉米面包

主要工具：搅拌机、刷子、烤箱

材料

高筋面粉450克，杂粮颗粒50克，砂糖40克，盐5克，干酵母5克，奶粉10克，黄油40克，水300克，芝士碎80克，玉米片适量

做法

① 将干性材料（除黄油、芝士碎外）和湿性材料一起倒入搅拌机搅拌。

② 搅拌至面团表面光滑有弹性，加入黄油。

③ 再搅拌至面团光滑能拉开面膜，接着加入芝士碎，搅拌均匀。

④ 搅拌至面团表面光滑能拉开面膜即可。

⑤ 以室温30℃，发酵60分钟。

⑥ 将面团分割为每个150克的剂子。

⑦ 分别将分割好的面团滚圆。

⑧ 再在面团表面刷上水。

⑨ 接着将面团蘸上玉米片。

⑩ 以温度30℃、湿度75%，发酵50分钟。

⑪ 放入烤箱，以上火210℃、下火200℃，喷蒸汽，烘烤20分钟即成。

肉松面包卷

参考分量：4个

主要工具：29cm×25cm烤盘、擀面杖、油纸、烤箱

材料

汤种材料：高筋面粉25克，清水100克

面团材料：A: 高筋面粉150克，低筋面粉75克，酵母粉1小匙，奶粉2大匙，细盐1/4小匙，细砂糖25克，全蛋50克，清水50克　B: 黄油35克

表面装饰材料：肉松约250克，全蛋液、白芝麻、葱花、沙拉酱各适量

准备工作

参照p.104汤种法，制成发酵面团。

做法

① 面团发酵完成，直接滚圆，盖上保鲜膜松弛20分钟。

② 用手按压排气。

③ 将面团擀制成烤盘大小的长方形，铺在垫油纸的烤盘上进行最后发酵。

④ 至面团发酵至2倍大，手指按下不会马上回弹即可，刷上全蛋液。

⑤ 用竹签插一些小孔帮助排气，以防烤时面团凸起。

⑥ 撒上葱花及白芝麻。

⑦ 烤箱于170℃预热，放入烤盘，以上下火、170℃、中层烤18分钟。

⑧ 烤好的面包连油纸一起取出，表面再盖上一张油纸，放至温热。

⑨ 将面包反面的油纸撕掉，浅浅地割上一道道刀口，不要割断。

⑩ 涂上一层沙拉酱，再撒上适量肉松。借助擀面杖将面包卷起。

⑪ 不要松开油纸，再用胶纸缠起来，放置约10分钟让其定型。

⑫ 拆开油纸，切去两端，分切成4段，头尾涂沙拉酱、蘸肉松即可。

小贴士

· 这款面包火温不能太高，烘烤时间不宜超过20分钟。

· 面包表皮若离上火太近，会被烘烤得太干。表皮刚烤好时比较干硬，要用纸张盖住表面约5分钟，放置待回软时再卷。

啤酒面包

参考分量：3个

主要工具：打蛋器、刷子、木匙、保鲜膜、烤箱

材料

高筋面粉390克，泡打粉3克，酵母10克，白砂糖45克，奶油30克，啤酒330毫升，柠檬皮屑1个，全麦适量，全蛋液适量

做法

① 高筋面粉和泡打粉混合过筛。

② 将白砂糖和酵母加入过筛后的粉类中混合均匀。

③ 分次将啤酒倒入混合好的粉类中，用木匙混合均匀成无粉粒的面糊。

④ 将柠檬皮屑加入其中，混合均匀，用手揉搓成面团后加入奶油，揉成表面光滑的面团。在面团表面喷一些水，盖上盖子或保鲜膜醒发至原体积的2.5倍大。手指蘸干粉在面团上戳洞，面团不回缩不塌陷，说明基础发酵完成。

⑤ 案板上撒上一些面粉，将基础发酵好的面团移出，用手压出气体，分割成大小均匀的面团，滚圆，室温松弛15分钟。

⑥ 在面团表面均匀地粘上一层全麦。

⑦ 然后用刷子刷上一层全蛋液，进行第2次醒发。待醒发至面团原体积的2倍大时，放入预热到180℃的烤箱中层，上下火，烘烤40～45分钟，烤到表面金黄即可。

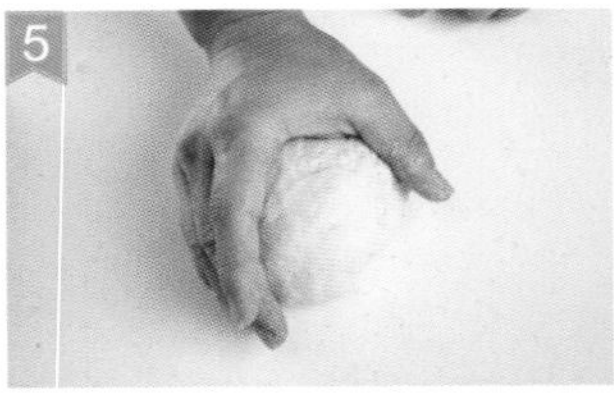

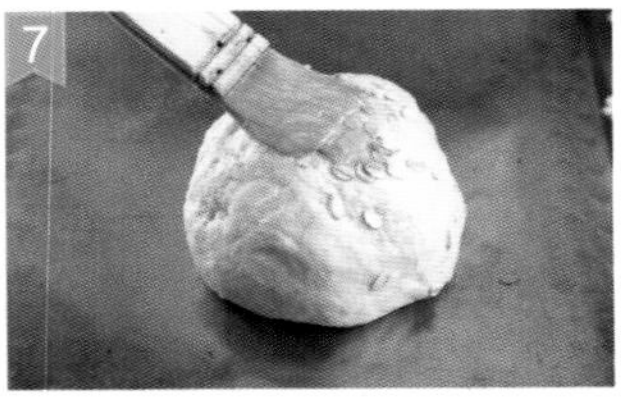

1

2

3

4

5

6

7

腊肠卷

参考分量：6个

主要工具：打蛋器、保鲜膜、烤箱

材料

面包材料：A：高筋面粉110克，低筋面粉40克，全蛋20克，糖20克，盐1/4小匙，酵母粉1/2小匙，鲜奶80克　B：黄油15克

内馅材料：广式腊肠3根

准备工作

参照p.102直接法，做好基础发酵面团。

做法

① 发酵面团分割成6份，滚圆松弛15分钟。

② 将面团擀成椭圆形。

③ 由上往下卷成圆柱形。

④ 反面捏起收口。

⑤ 用手将圆柱形面团向两边搓成长条形（如果面团太紧致需要再松弛片刻，不要强用力搓）。

⑥ 腊肠一切两半，将搓好的面团缠在腊肠上，收紧上下收口。

⑦ 生坯放置在烤盘上进行最后发酵，留足空隙。最后发酵完成后，刷上全蛋液。

⑧ 放入烤箱，以上下火、180℃、中层烤15~20分钟。

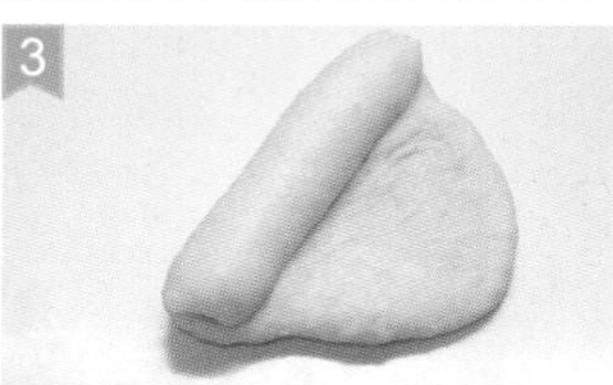

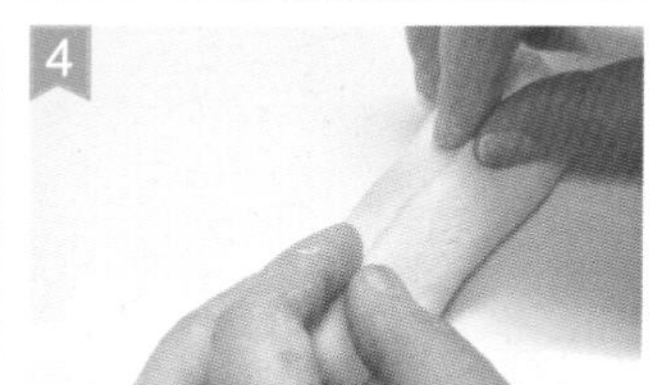

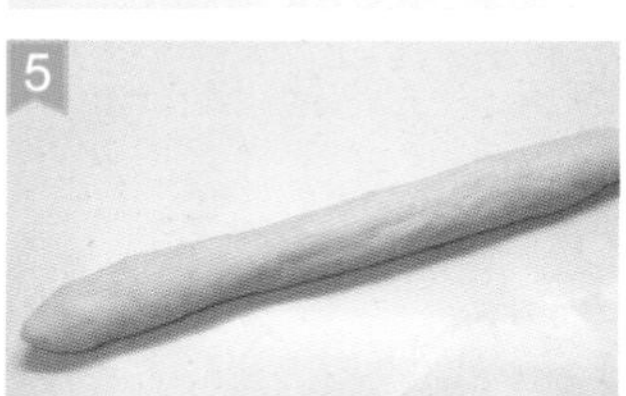

奶油卷

参考分量：6个

主要工具：擀面杖、刮板、保鲜膜、烤箱

材料

A：高筋面粉160克，低筋面粉40克，酵母粉（1/2+1/4）小匙，细砂糖25克，奶粉1大匙，鲜奶100克，鸡蛋30克，盐1/2小匙

B：黄油32克

准备工作

参照p.102直接法，制成基础发酵面团。

做法

① 发酵面团分割滚圆成6份，松弛约10分钟。

② 将面团擀成圆饼形。

③ 用刮板小心地将面皮铲起，翻面。

④ 将面皮从上向中间对折。

⑤ 再由下向中间对折。

⑥ 折好的面团如图所示，盖上保鲜膜再次松弛5分钟。

⑦ 用手将面团的一头搓细。搓好后盖上保鲜膜再松弛5分钟。

⑧ 再用擀面杖擀薄，并擀至20厘米长。

⑨ 将擀薄的面皮由上向下卷起。

⑩ 卷好后的样子如图所示，尖角要收在最底部。

⑪ 面团排放在烤盘中，盖上保鲜膜进行最后发酵，直至原来2倍大。

⑫ 表面刷全蛋液。烤箱于200℃预热，以上下火、180℃、中层烤20分钟。

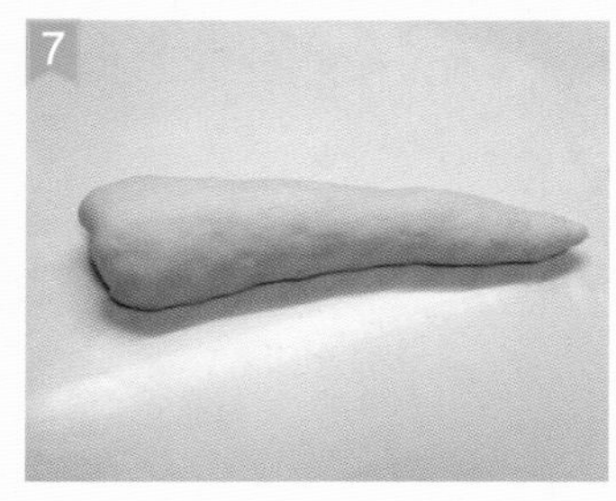

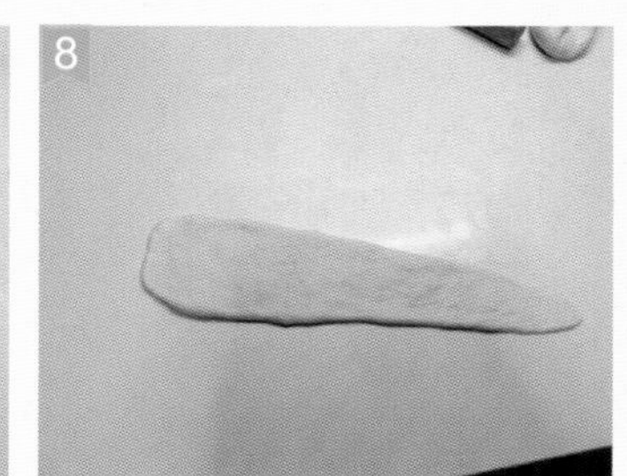

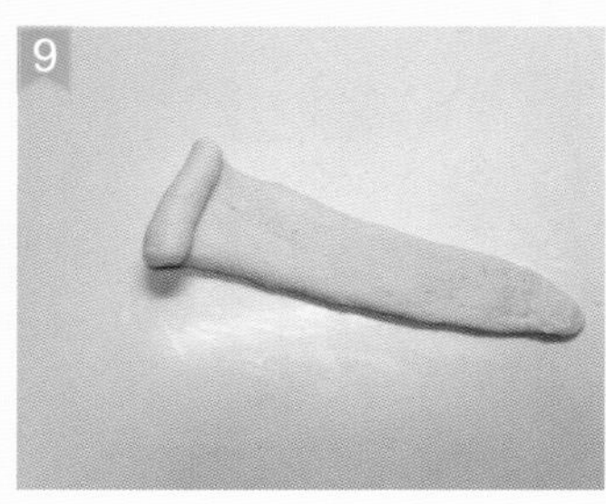

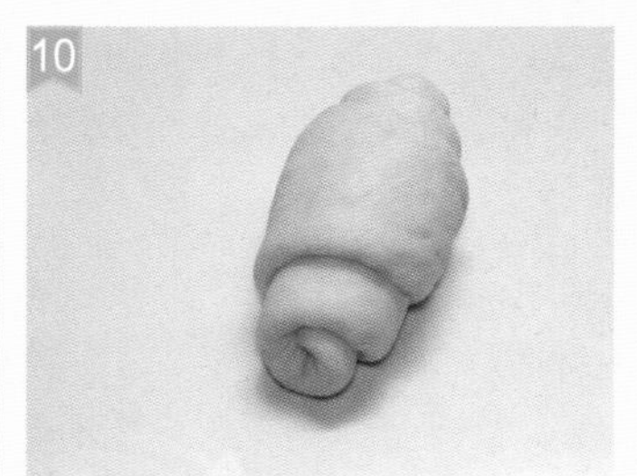

奶香紫薯面包

参考分量：12个

主要工具：橡皮刮刀、面粉筛、擀面杖、烤箱

材料

面团材料：A：高筋面粉150克，紫薯泥50克，清水65克，鸡蛋40克，砂糖15克，酵母粉（1/2+1/4）小匙，盐1/4小匙　B：黄油25克

紫薯馅材料：紫薯泥230克，细砂糖15克，甜炼乳10克，黄油（液态）20克，鲜奶15克

其他材料：白芝麻、蛋黄液各少许

做法

① 紫薯切块，加1大匙清水，高火加热5分钟至熟，用网筛过滤成细泥。

② 将紫薯泥与其余面团材料一起搅成略具光滑的面团，加入25克黄油。

③ 揉搓面团，至可起略厚的薄膜即可。

④ 将紫薯馅所有材料混合均匀，备用。其中黄油需事先化成液态。

⑤ 面团放至涂油的盆内发酵约40分钟(30℃)至2倍大。

⑥ 发酵面团分割成6份，滚圆松弛10~15分钟。

⑦ 将做好的紫薯馅用手捏成长橄榄形。

⑧ 面团擀成椭圆形，将薯泥馅放在面皮中间。

⑨ 捏紧收口。用细线将搓成长橄榄形的面团从中间割开，一分为二。

⑩ 往紫薯泥上刷蛋黄液，然后用擀面杖蘸水后粘点白芝麻点在中心。

⑪ 将生坯放在烤盘上，盖保鲜膜最后发酵20分钟（30℃）至1.5倍大。

⑫ 烤箱于200℃预热，以上下火、180℃、中层烤15~18分钟即可。

小贴士

· 加了紫薯的面包会变得非常柔软，和面时不用强求和至拉出很薄的薄膜，紫薯泥会影响面粉筋性。

· 切割面团时要用比较结实的粗棉线，将面团放在线上面，再将线提起，左右交叉拉紧即可。

葡萄干花环面包

参考分量：1个

主要工具：烤箱、刷子

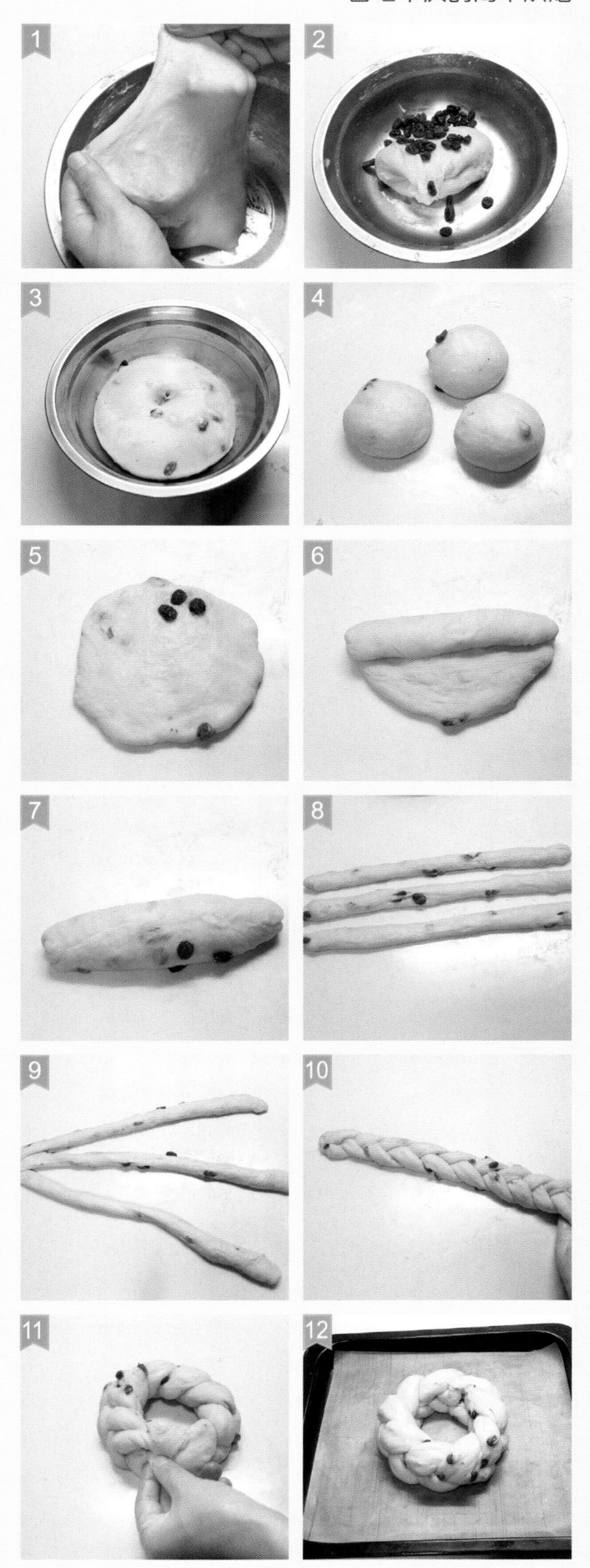

材料

A：高筋面粉150克，鲜奶75克，鸡蛋30克，砂糖25克，盐1/2小匙，酵母粉（1/2+1/4）小匙

B：黄油25克

C：葡萄干30克，朗姆酒50毫升，全蛋液、杏仁片各适量

做法

① 参照p.102直接法制作过程，将面团和至可拉出略透明的薄膜。

② 葡萄干放入朗姆酒中浸泡4小时，沥干水，加入面团中。

③ 将面团放入涂油的容器内进行基础发酵40分钟至原体积两倍大小（30℃）。

④ 将面团分割成3等份，滚圆，松弛10分钟。

⑤ 用手掌将面团按扁排气，成圆饼形。

⑥ 面团由上向下卷起。

⑦ 捏紧收口，放置松弛5分钟。其他两个面团也依同样做法做好。

⑧ 将面团搓成长条形。

⑨ 将3条面团的头部捏紧。

⑩ 由上向下编辫子。

⑪ 最后将两端的面团捏紧。

⑫ 成品盖上保鲜膜进行最后发酵，然后刷全蛋液、撒杏仁片。烤箱于200℃预热，以上下火、180℃、中层烤25分钟。

花形果酱面包

参考分量：3个

主要工具：擀面杖、刷子、烤箱

材料

A: 高筋面粉150克，低筋面粉30克，细砂糖25克，奶粉1大匙，鲜奶90克，鸡蛋液30克，盐1/2小匙，酵母粉（1/2+1/4）小匙

B: 黄油20克

C: 果酱50克

准备工作

参照p.102直接法，做好基础发酵面团。

做法

① 将发酵面团分割成3个45克的大面团，15个10克的小面团，滚圆松弛10分钟。

② 分别将大面团擀成圆饼形。

③ 将圆饼平铺在烤盘上，中间预留空隙。

④ 小圆面团再次滚圆，在底部粘上少许蛋液，围在大圆饼的周围，外围预留5毫米空隙。

⑤ 盖上保鲜膜进行最后发酵，发至2倍大时，在表面刷上薄薄的全蛋液。

⑥ 烤箱于200℃预热，以上下火、170℃、中层烤15分钟。要等面包凉后才能加入果酱，否则果酱容易化掉。

1 2 3 4 5 6

欧式马铃薯面包

参考分量：3个

主要工具：橡皮刮刀、剪刀、烤箱

材料

高筋面粉400克，低筋面粉100克，砂糖15克，盐10克，奶粉10克，干酵母5克，鸡蛋50克（1个），黄油30克，水250克

马铃薯馅制作

将100克煮熟土豆丁、30克火腿丁、20克沙拉酱、适量黑胡椒一起拌均匀即可。

做法

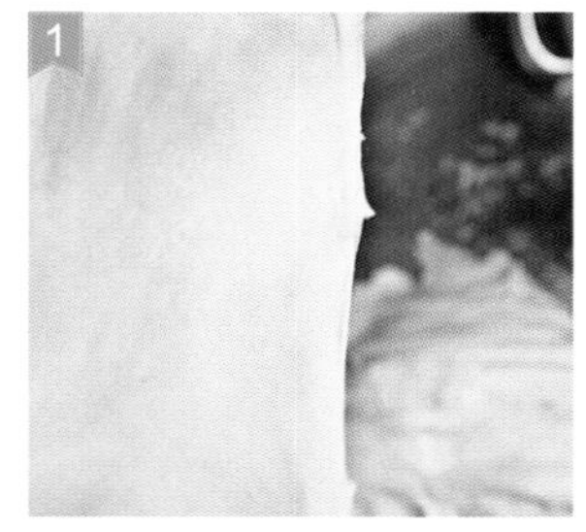

1 将所有材料（除黄油外）一起搅拌，至面团表面光滑，再加入黄油搅拌至面团能拉开面膜即可。

2 以室温30℃，发酵60分钟。

3 将面团分割成每个100克的剂子，分别滚圆，松弛30分钟。

4 将面团按压排气，包入马铃薯馅料。

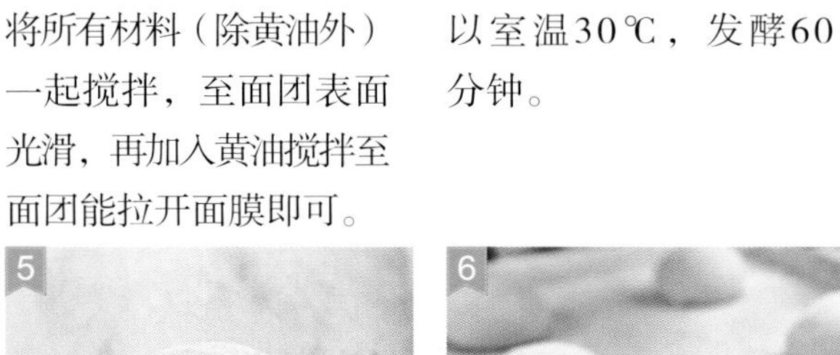

5 包成圆形，放入烤盘，以温度30℃、湿度75%，发酵60分钟。

6 发酵好后，在表面撒上低筋面粉。

7 在顶部剪上十字刀口。

8 放入烤箱，以上火200℃、下火190℃，喷蒸汽，烘烤20分钟即成。

椰蓉卷

扫码看视频

参考分量：5个

主要工具：手动打蛋器、橡皮刮刀、擀面杖、纸杯、烤箱

材料

内馅材料：

黄油25克，细砂糖20克，全蛋25克，椰蓉50克，鲜奶25克

中种面团材料：

高筋面粉140克，细砂糖10克，清水50克，鸡蛋40克，酵母粉1/2小匙

主面团材料：

高筋面粉20克，低筋面粉40克，细砂糖40克，细盐1/4小匙，奶粉1大匙，清水35克，黄油30克

准备工作

参照p.103中种法制作过程，制成基础发酵面团。

做法

① 黄油切小块，于室温下软化。加细砂糖打至松发，分次加入全蛋，搅拌均匀。

② 加入椰蓉拌匀，再倒入鲜奶让其充分吸收水分，制成椰蓉内馅 。

③ 发酵面团分割成5等份，滚圆松弛10分钟。

④ 将面团擀成圆饼形。

⑤ 将椰蓉内馅包入面皮，捏紧收口。

⑥ 将包入内馅的面团擀成长圆形。

⑦ 再上下对折。

⑧ 在中间切上6个刀口，注意顶部不要切断。

⑨ 摊开面皮。

⑩ 将面团对折。

⑪ 将面团左右扭曲。

⑫ 扭好的面团向中心围成圆形。

⑬ 造型完成后，放入纸杯中，进行最后发酵。在表面刷上全蛋液。

⑭ 烤箱于200℃预热，以上下火、180℃、中层烤20~25分钟。

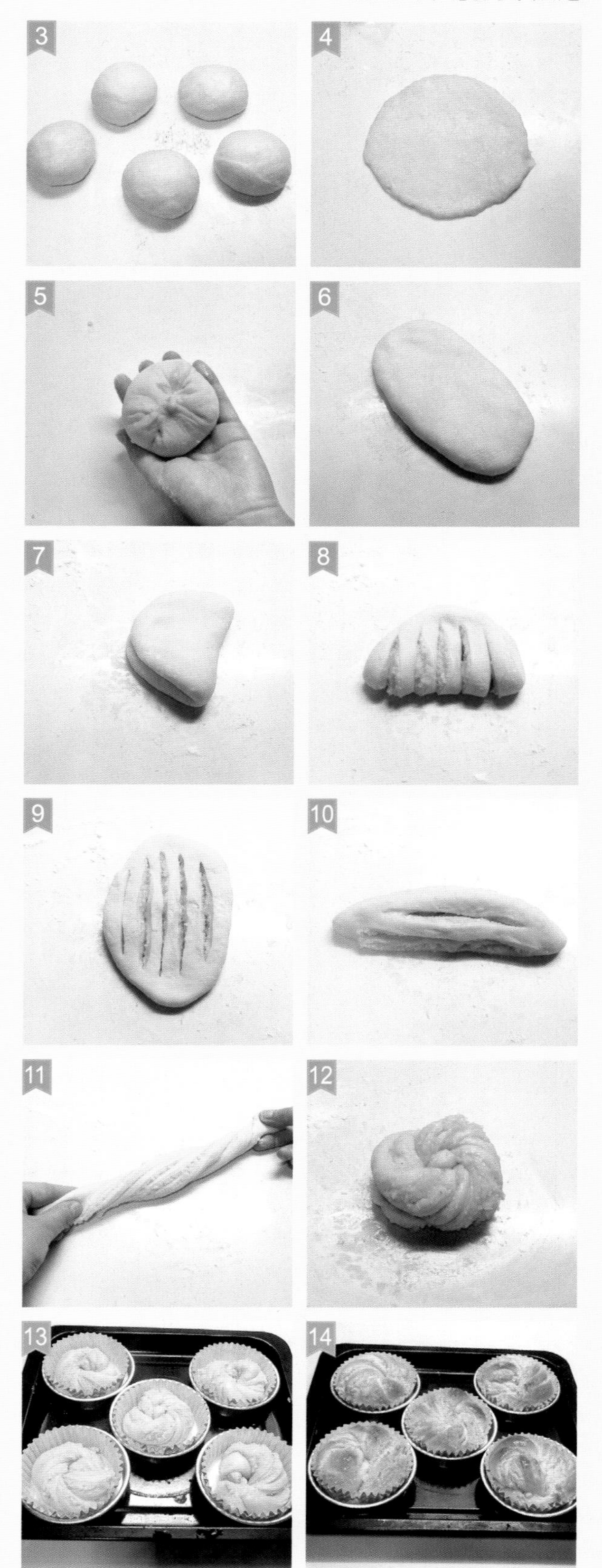

雪吻巧克力

参考分量：6个

主要工具：筛子、橡皮刮刀、漏网、裱花袋

材料

面粉500克（过筛），绵白糖200克，奶粉300克（过筛），黄油30克（放置室温软化），鸡蛋2个，水200毫升，可丝达馅100克，盐5克，酵母5克，可可粉适量

做法

① 盆中倒入面粉、绵白糖、奶粉拌匀，加入盐和酵母，拌匀。加入蛋液，用刮刀拌匀。

② 加黄油、水，揉成面团，发酵30分钟后压扁排气。

③ 将面团分成大小均匀的小面团，搓圆，发酵15分钟。可丝达馅装入裱花袋，在面团上面挤出呈螺旋状的圆圈。

④ 如图所示。

⑤ 将可可粉倒入漏网，将其均匀地筛在面团上。

⑥ 完成后放入预热好的烤箱，上火180℃，下火150℃，烤约15分钟即可。

德式乡村蘑菇面包

主要工具：搅拌机、橡皮刮刀、擀面杖、烤箱

材料

高筋面粉400克，低筋面粉 100克，裸麦粉150克，盐8克，干酵母10克，汤种70克，全麦天然酵母种75克，水300克

装饰材料

黑麦粉适量

做法

1. 将所有原料倒入搅拌机中一起搅拌。

2. 搅拌至面团光滑有弹性，能拉开面膜即可。

3. 以室温发酵40分钟左右。

4. 将面团各分割成400克和100克，分别滚圆，松弛30分钟。

5. 将100克面团擀开呈圆形。

6. 将400克面团滚圆，将100克圆面团盖在上面。

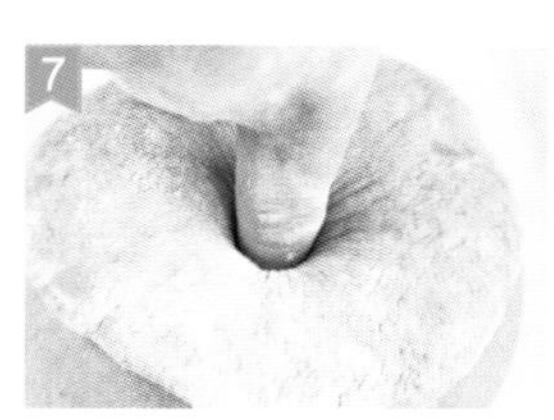

7. 用手指在面团中间插一个孔。

8. 以温度30℃、湿度75%，最后发酵50分钟左右，然后在表面撒上黑麦粉。

9. 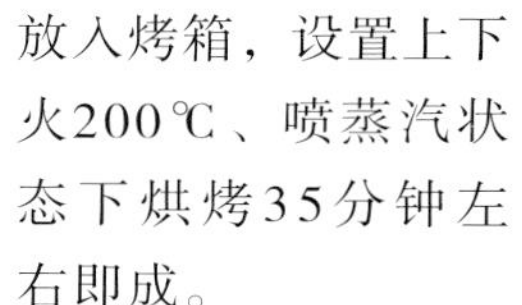

放入烤箱，设置上下火200℃、喷蒸汽状态下烘烤35分钟左右即成。

卡仕达辫子面包

参考分量：2个

主要工具：擀面杖、烤箱

材料

面团材料：高筋面粉100克，中筋面粉50克，细砂糖20克，奶粉1大匙，盐1/8小匙，酵母粉1/2小匙，鲜奶30克，鸡蛋50克，黄油15克

汤种材料：高筋面粉15克，清水65克，卡仕达酱适量

装饰材料：杏仁片少许

准备工作

参照p.104汤种面团的做法，制成发酵面团。

做法

① 基础发酵面团分割6份，滚圆松弛15分钟。

② 将面团擀成椭圆形。

③ 面团由上向下卷起。

④ 把所有面团卷起，盖上保鲜膜松弛5分钟。

⑤ 从第一根开始，双手搓成两头略尖、中间粗的长条形。

⑥ 将3根面团顶端粘紧。

⑦ 如图像编麻花辫一样将面团编好。

⑧ 将尾部粘紧。

⑨ 放在烤盘上，盖上保鲜膜进行最后发酵。

⑩ 发酵完成后，表面刷上全蛋液，挤上卡仕达酱，并撒上杏仁片。

⑪ 烤箱于200℃预热，以上下火、180℃、中层烤15分钟。

⑫ 烤好的成品如右图所示。

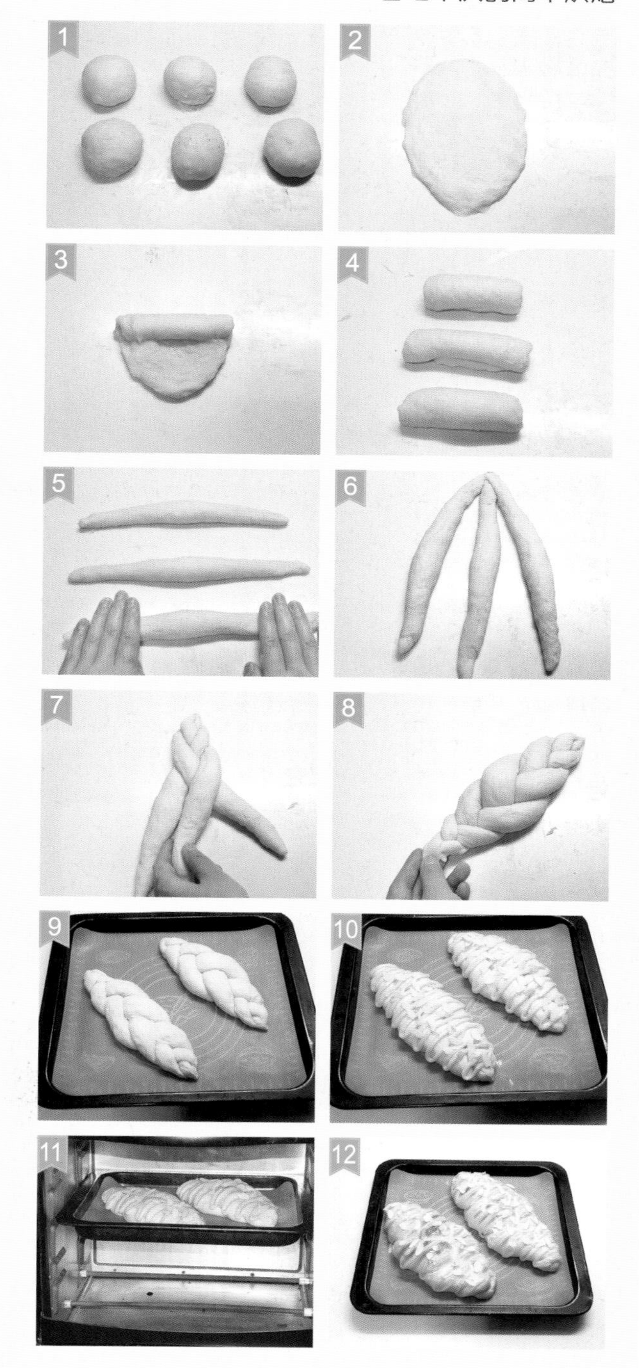

小贴士

· 要待面团松弛完全再开始搓成长条，否则容易断裂，通常是卷起所有面团，再从第一个卷开始搓。搓的过程中若觉得面团缺少延展性，就放置继续松弛。

英式燕麦吐司

主要工具：搅拌机、模具、擀面杖、烤箱

材料

高筋面粉500克，砂糖40克，盐10克，干酵母6克，牛奶40克，水300克，燕麦150克

做法

将所有原料一起放入搅拌机搅拌。

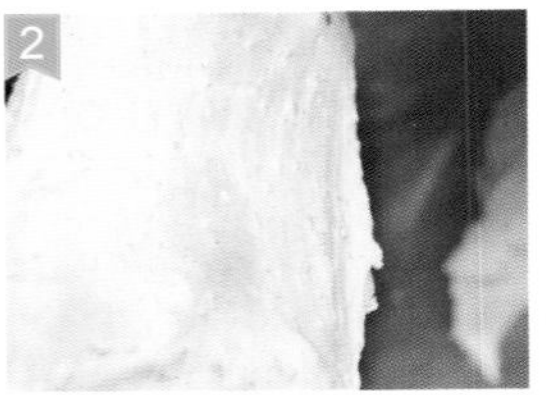

搅拌至面团光滑，能拉开面膜即可。

以室温30℃醒发60分钟。

发酵完成后将面团分割成每个200克。

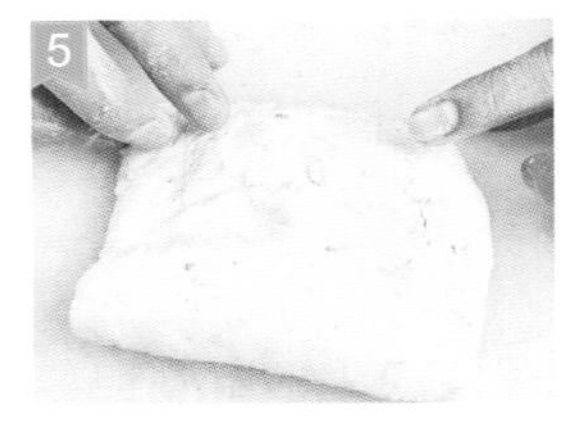

将面团对折。

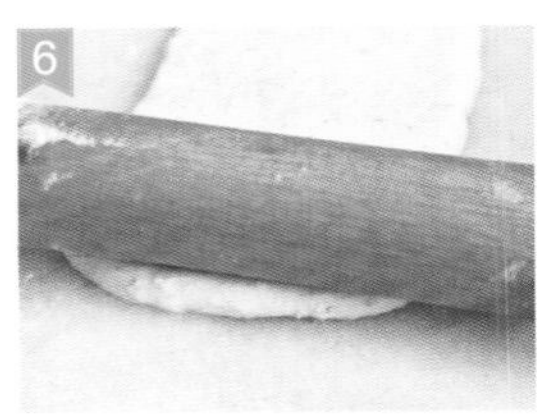

将面团再次对折，并擀开。

把面饼卷成圆柱形。

放入1000克吐司模具中，以温度30℃、湿度80%发酵60分钟。

发酵至模具八分满，盖上吐司模具盖。

放入烤箱，以上火210℃、下火200℃，烘烤30~40分钟即成。

花生朵朵面包

主要工具：搅拌机、烤箱

材料

A：高筋面粉500克，细砂糖100克，盐5克，酵母5克，奶香粉5克，蜂蜜15克，牛奶50克，水100克，鸡蛋100克

B：奶油50克，花生碎100克，花生酱80克，热巧克力适量

做法

1. 将材料A中的干性材料倒入搅拌机，加入湿性材料搅拌。

2. 搅拌至面团光滑有弹性，加入奶油搅匀。

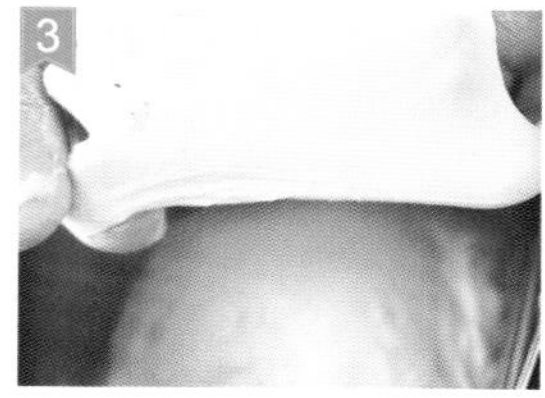

3. 搅拌至面团能拉开成面膜。

4. 在室温条件基本发酵40分钟。

5. 分割为每个80克的小面团，分别滚圆，松弛20分钟。

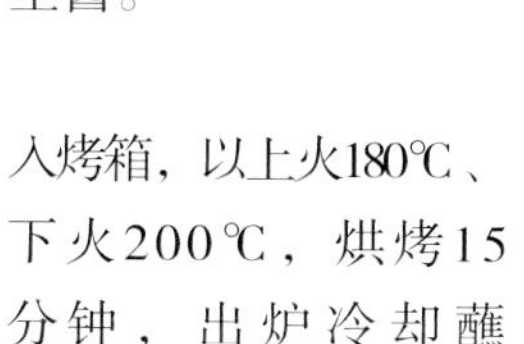

6. 将面团排气，包入花生酱。

7. 将面团裹上烤好的花生碎。

8. 放入模具在温度30℃的条件下，发酵至八成满。

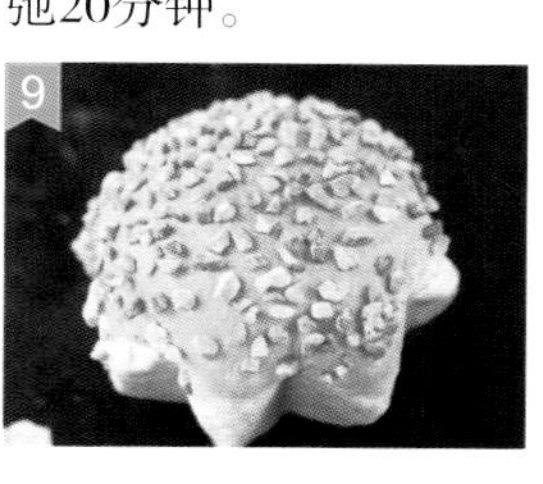

9. 入烤箱，以上火180℃、下火200℃，烘烤15分钟，出炉冷却蘸上花生酱，挤上巧克力即成。

山药面包

主要工具：搅拌机、擀面杖、刷子、烤箱

材料

高筋面粉500克，砂糖90克，盐6克，奶粉15克，鸡蛋液100克（约2个），干酵母5克，水200克，黄油60克

山药馅制作：

将煮熟山药（压成泥）100克、砂糖20克、黄油40克放在一起搅拌均匀即可。

装饰材料

蛋液适量

做法

① 先将干性材料（除黄油外）和湿性材料一起倒入搅拌机搅拌，至面团表面光滑有弹性再加入黄油。

② 再搅拌至面团能拉开面膜。

③ 以室温30℃，发酵50分钟。

④ 将面团分割成每个30克的剂子，分别滚圆，松弛30分钟。

⑤ 将面团擀成饼后，包入山药馅。

⑥ 再将面团包成橄榄形。

⑦ 将三个面团的一头对接在一起。

⑧ 以温度30℃、湿度75%，发酵50分钟。

⑨ 发酵好后，在面包坯表面刷上蛋液。

⑩ 放入烤箱，以上火200℃、下火180℃，烘烤13分钟即成。

黑芝麻面包

参考分量：1个

主要工具：面包机

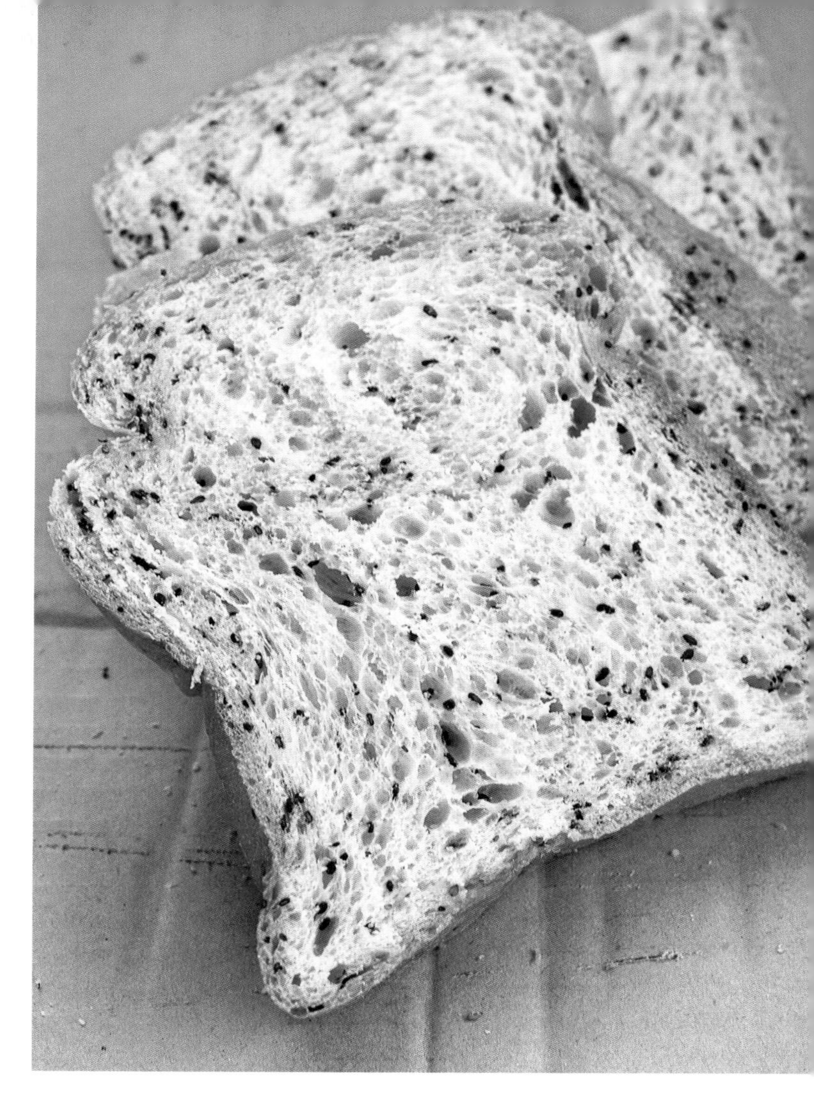

材料

面包粉300克，鸡蛋45克，清水145克，盐2克，白糖30克，黄油 30克，黑芝麻20克，酵母粉1小匙（3克）

做法

① 将盐最先放在面包桶内，再倒入面包粉、鸡蛋、清水、白糖和酵母粉。

② 按下面包机的“和面”程序，先和面15分钟。

③ 然后打开机盖，加入黄油块。

④ 开启“甜面包”程序，选择“750克”，烧色“浅”，至机器运行至“2：10”时，放入黑芝麻搅拌。

⑤ 搅拌完毕后，面包开始发酵，至“1：00”时面包开始烘烤。

⑥ 至程序完成时，马上戴上手套将面包桶取出，倒出面包。

小贴士

· 食盐要尽量避免和酵母粉接触，否则会抑制酵母粉的发酵功能。所以要先把食盐放在面包桶内，用面包粉等材料盖住食盐，再加入酵母粉。

· 黑芝麻不要过早放入，否则会影响面团起筋。要在面团已经形成筋性以后再放入黑芝麻。

意式番茄佛卡夏

主要工具：搅拌机、擀面杖、刷子、烤箱

材料

材料	用量
高筋面粉	250克
砂糖	15克
盐	10克
干酵母	2克
蛋液	20克
水	150克
黄油	18克

装饰材料

橄榄油、意大利香料、番茄片各适量

做法

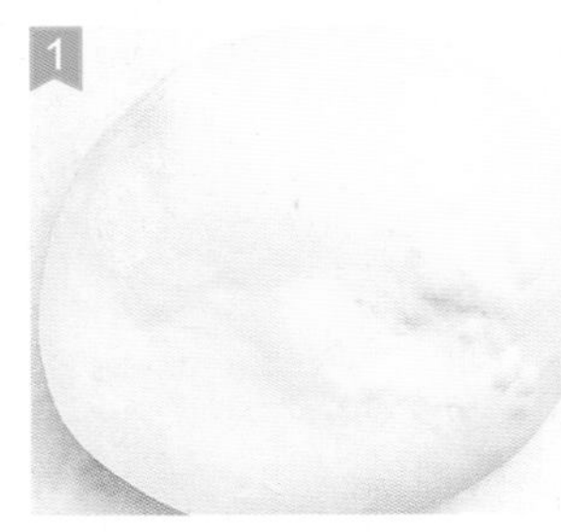

1 将面团搅拌至表面光滑有弹性，以室温30℃发酵50分钟。

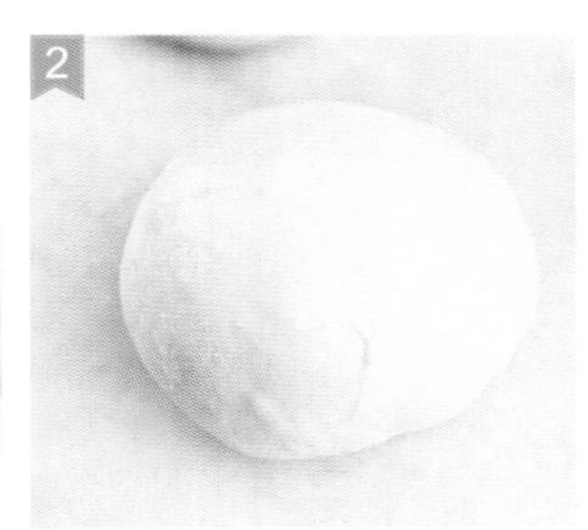

2 将面团分割成每个100克，滚圆，松弛30分钟。

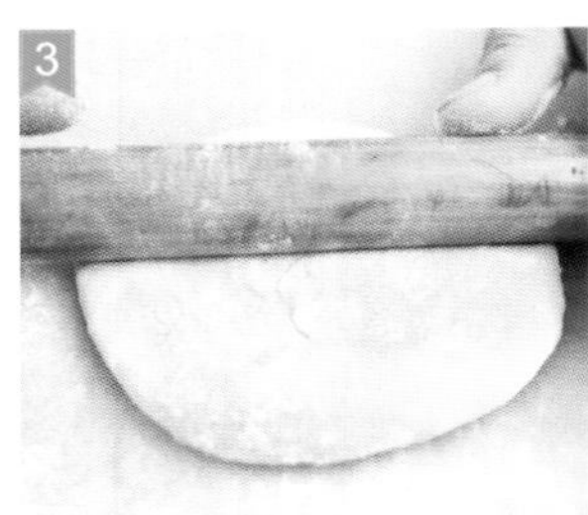

3 将面团擀成圆形。

4 放入烤盘，以温度30℃、湿度75%发酵40分钟。

5 发酵好后在面团表面刷上橄榄油。

6 放上番茄片。

7 撒上意大利香料。

8 放入烤箱，以上火200℃、下火180℃烘烤15分钟即成。

第五章

随心而变　美味小甜品

生活中苦辣酸甜各味皆有，但如果将它们在集体中分担开来，
苦的那部分就会减少，甜的那部分就会增加双倍。
所以，“吃”的意义，不仅是满足味蕾与身心，
更重要的是一起分享的乐趣。

抹茶酥

参考分量：25个

主要工具：电子秤、筛子、擀面杖、烤箱

材料

水油皮：高筋面粉150克（过筛），低筋面粉350克（过筛），黄油150克（放置室温软化），糖粉20克，水280毫升，盐3克

油酥：低筋面粉450克（过筛），黄油240克（放置室温软化），抹茶粉10克

馅料：豆沙适量

准备工作

① 将制作水油皮的所有材料放入盆中搅匀，揉成表面光滑的面团，装入保鲜袋，室温下松弛30分钟，然后分成每个约重30克的小面团。

② 将制作油酥的所有材料放入盆中搅拌均匀，揉搓至表面光滑后，用手分割成大小均匀的油酥面团，每个约重25克。

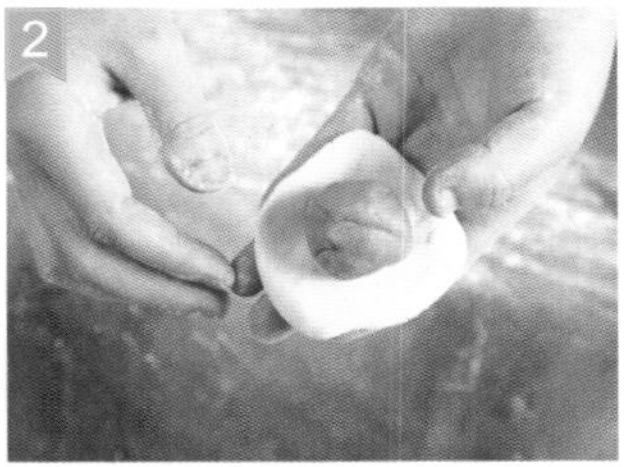

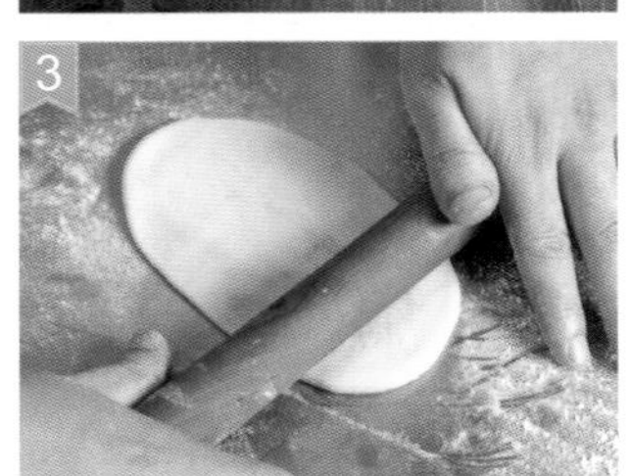

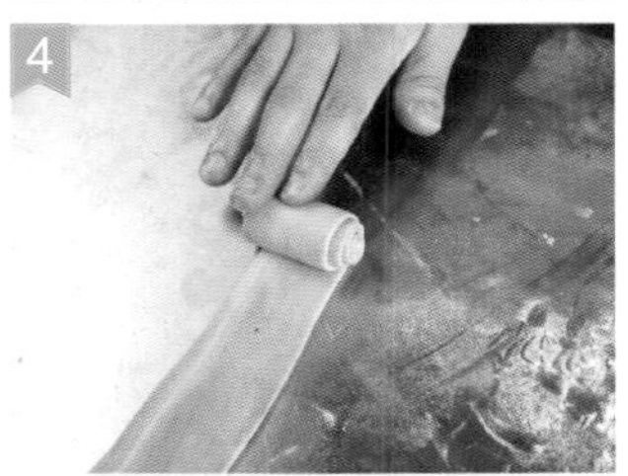

做法

① 将豆沙馅分割成大小均匀的馅料团，每个约重30克。

② 将水油皮面团按成圆片状，将油酥面团放在圆面片中心，捏紧收口。

③ 将其擀成不规则的长方形，沿长边四折1次，擀平。

④ 将面片沿短边卷起后横切成2等份。

⑤ 将卷好的面卷压扁，擀成圆面片。

⑥ 将馅料团包在圆面片中，捏紧收口，滚圆。将面团用手轻轻按压后，间隔均匀地移入烤盘，放入提前预热好的烤箱中层，上火180℃，下火170℃，烘烤30分钟左右即可。

蛋黄酥

参考分量：30个

主要工具：擀面杖、刷子、烤箱

材料

水油皮：高筋面粉150克（过筛），低筋面粉350克（过筛），黄油150克（放置室温软化），糖粉20克，水280毫升，盐3克

油酥：低筋面粉450克（过筛），黄油240克（放置室温软化）

馅料：豆沙适量，咸蛋黄适量

装饰：蛋黄液适量，黑芝麻少许

做法

① 将制作水油皮的材料放入盆中搅拌均匀，揉成表面光滑的面团，装入保鲜袋，松弛30分钟。将咸蛋黄放入预热到180℃的烤箱中层，上火180℃，下火180℃，烘烤8分钟左右，烤出香味。

② 将制作油酥的材料搅匀，揉成表面光滑的面团，分成每个约重18克的油酥面团。

③ 将水油皮面团分成每个约重25克的小面团，压成圆面片，在其中心放入油酥面团，捏紧收口。

④ 擀成牛舌状后卷起，再重复一次，最后擀成圆面片。

⑤ 将豆沙馅分成每个约重30克的圆球，擀成豆沙片，放入咸蛋黄，捏紧收口。

⑥ 将豆沙球滚圆后放在圆面片中心，捏紧收口。

⑦ 完成后，摆放在烤盘上，在其表面刷蛋黄液，撒上黑芝麻，放入预热好的烤箱中层，上火180℃，下火180℃，烘烤约35分钟即可。

面包布丁

参考分量：8个

主要工具：打蛋器、筛子、抹刀、烤箱

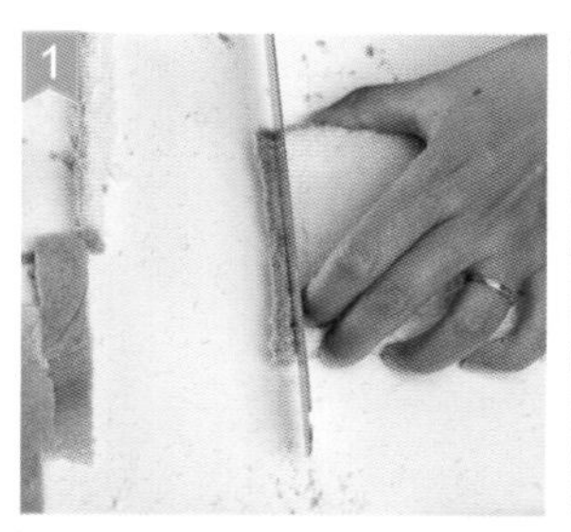

材料

鸡蛋3个，牛奶250毫升，白砂糖80克，葡萄干、黄油、面包、肉桂粉各适量

做法

① 把面包切薄片，去掉多余边角。

② 在面包片的一面上均匀地涂抹黄油，用刀切成大小均匀的小块，备用。

③ 牛奶加热，放入白砂糖，煮开至白砂糖完全化开，关火。

④ 将鸡蛋打散，然后倒入煮好的牛奶，搅拌均匀成布丁液。

⑤ 将切好的面包块放入模具中填满，然后撒上适量的肉桂粉和葡萄干。

⑥ 将布丁液缓缓浇入模具中，使面包块充分吸收布丁液。放进预热到180℃的烤箱中层，隔水烘烤，下火180℃，上火200℃，烘烤30～40分钟至表面呈金黄色即可。

材料

白砂糖160克，牛奶150毫升，淡奶油150克，鸡蛋6个，柠檬汁少许，草莓、草莓酱各适量

做法

① 将鸡蛋打散放入盆中。

② 将蛋液搅打均匀，无需打发。

③ 锅置火上，依次将淡奶油、牛奶、白砂糖倒入锅内。

④ 用小火加热，一边加热一边搅拌，煮沸后关火。

⑤ 锅中继续加入柠檬汁搅拌均匀。将煮好的奶油、牛奶混合液缓缓倒入打好的全蛋液中，一边倒一边用手动打蛋器快速搅拌均匀。

⑥ 将蛋奶混合液过筛取滤液。

⑦ 将过滤后的蛋奶混合液倒入事先准备好的布丁模具中至七分满，放入预热到180℃的烤箱中层，上下火，隔水烘烤20分钟左右即可出炉。

⑧ 在烤好的布丁上依次放入草莓酱和草莓进行装饰即可。

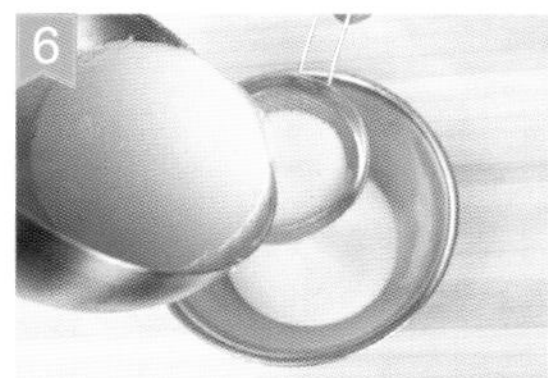

哈瓦那布丁

参考分量：20个

主要工具：打蛋器、筛子、布丁模具、烤箱

焦糖布丁

参考分量：7个

主要工具：布丁杯（高6cm×直径7cm）7个、手动打蛋器、网筛、烤箱

材料

布丁材料：

鸡蛋	4颗（约240克）
牛奶	500克
砂糖	50克

焦糖材料：

砂糖	80克
清水	80克

做法

① 将鸡蛋放入盆内，用手动打蛋器搅打均匀。

② 牛奶加砂糖用小火略煮至糖溶化，奶锅开始冒小泡泡即可(约60℃)。

③ 加热后的牛奶要彻底放凉，倒入鸡蛋液中。

④ 用手动打蛋器充分搅打均匀，即成蛋奶浆。

⑤ 混合好的蛋奶浆用网筛过滤一次。

⑥ 将焦糖材料放入小锅，小火煮成焦糖色，温度约110℃。

⑦ 趁热将焦糖倒入布丁杯中，备用。

⑧ 焦糖杯移入冰箱内冷藏，放凉至焦糖凝固。

⑨ 再把步骤5中的蛋奶浆倒入布丁杯内。

⑩ 烤盘注满水，以上下火、160℃、中下层烤35分钟。烤好后冷藏4小时脱模。模内的焦糖浆冲开水，淋在布丁表面。

小贴士

· 鲜奶500毫升和500克是不同的，一定要称量精确才容易成功。鲜奶加热后不可以马上冲入鸡蛋内，否则会把鸡蛋冲成蛋花了。一定要放凉了才可以加入。

· 煮焦糖时一定要用小火慢煮，至有些微黄色时，要转动锅使之色泽均匀。至呈褐色时即可熄火，以免余温把焦糖烧焦。

· 刚烤好的布丁表面会有些晃动，放冰箱冷藏后就变凝固了。如果布丁表面充满气泡说明温度过高了，如果口感过硬说明烤制时间过长。视模具的大小和深浅不同，烘烤的时间也不同。

草莓慕斯

主要工具：手动打蛋器、裱花袋、模具

材料

草莓慕斯粉100克，打发鲜奶油300克，草莓酱60克，草莓2个，葡萄适量，巧克力少许，温水200毫升

做法

① 将草莓慕斯粉倒入盆中，加入温水充分搅拌均匀，备用。

② 加入打发鲜奶油，搅拌至完全融合。将奶油盛入裱花袋中，挤入模具中。待八分满的时候，挤入草莓酱，使之形成一层薄膜。

③ 挤入奶油花，加入草莓、巧克力和葡萄进行装饰，也可随自己的口味随意增加装饰水果。将慕斯放入冰箱冷藏2小时即可。

绿色心情

主要工具：打蛋器、裱花袋、模具

材料

香草慕斯粉75克，温水250克，苹果酱200克，牛奶150克，打发鲜奶油300克，草莓2个，葡萄适量

做法

① 将香草慕斯粉倒入盆中，加入温水，搅拌均匀。随后加入大部分苹果酱，用打蛋器搅打均匀。继续倒入牛奶，搅拌均匀。

② 加入全部的打发鲜奶油，翻拌均匀后盛入裱花袋，挤入模具中。

③ 再挤入一层苹果酱，形成薄薄的一层，最后挤入打发鲜奶油花。放入冰箱冷冻30分钟，取出，装饰水果即可。

法式尼克斯班戟

参考分量：5个

主要工具：打蛋器、筛子、勺子

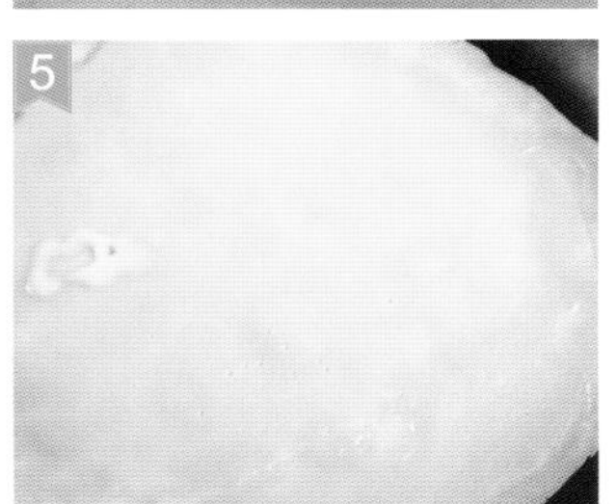

材料

鸡蛋2个，白砂糖25克，牛奶250毫升，低筋面粉75克，玉米淀粉35克，色拉油少许，黄桃1个（切块），甜奶油适量，朗姆酒少许，盐1克

做法

① 鸡蛋打散，加入白砂糖、牛奶搅打均匀。

② 低筋面粉和玉米淀粉过筛，加入到蛋奶混合物中，充分搅拌均匀后，再加入朗姆酒、盐搅拌均匀。

③ 把混合浆过筛，取滤液，加入色拉油。

④ 油锅烧热，倒入少许混合浆。

⑤ 摊制成饼，出锅后倒扣在案板上。

⑥ 在班戟饼上放上1勺甜奶油。然后放上黄桃块，将班戟饼卷起来，包成被子状，装饰即可。

黑白芝麻薄脆

参考分量：5个

主要工具：厨房秤、方形不粘烤盘、16厘米止滑打蛋盆、油布、手动打蛋器、烤箱、汤匙

材料

蛋白	120克
低筋面粉	100克
玉米淀粉	8克
黄油	30克
糖粉	110克
白芝麻	40克
黑芝麻	20克
盐	1克

做法

① 将黄油切小块，放入不锈钢碗内，隔热水化成液态。

② 蛋白放入打蛋盆中，加入糖粉、盐，用手动打蛋器搅打均匀。

③ 轻轻搅拌至糖粉溶化即可，无需打发。

④ 加入黄油液，用手动打蛋器搅拌均匀。

⑤ 加入过筛的低筋面粉及玉米淀粉。

⑥ 用手动打蛋器搅匀。

⑦ 加入黑芝麻及白芝麻。

⑧ 用手动打蛋器轻轻搅拌成浓稠的面糊。

⑨ 在烤盘中平铺上油纸，用汤匙挖少许调好的面糊，平铺在烤盘上，相互间要留较大的位置以便摊平面糊。

⑩ 用汤匙将面糊摊开成薄薄的圆形，尽量保持薄厚及大小一致。

⑪ 烤盘放入提前预热好的烤箱上层，以160℃上下火烤12~15分钟，见表面上色即可取出。

小贴士

· 放面糊时要分次少量，一次不要放太多，不然摊得太厚，容易出现中间不熟而四周烤煳的情况。

· 薄脆饼干易烤煳，要随时关注上色情况，以免烤过度。刚刚烤好的成品会有点软，取出来后马上用手掌把饼压平整，不然冷却后会因收缩而翘起来。

杏仁瓦片酥

参考分量：5个

主要工具：厨房秤、手动打蛋器、打蛋盆、橡皮刮刀、耐高温油布、烤箱

材料

材料	用量
杏仁片	55克
糖粉	50克
黄油	25克
香草精	1/4小匙
低筋面粉	15克
蛋白	40克

做法

① 将黄油切成小块，放入不锈钢碗内，隔热水加温，化开成液态，备用。

② 蛋白放盆内，加糖粉，用手动打蛋器搅匀至糖粉化开，不需打发。

③ 加入液态黄油、香草精。

④ 用手动打蛋器搅匀。

⑤ 加入低筋面粉。

⑥ 用手动打蛋器搅拌均匀。

⑦ 加入杏仁片。

⑧ 用橡皮刮刀拌匀。

⑨ 烤盘上铺上耐高温油布，用汤匙挖上少许面糊放在烤盘上，用汤匙将面糊平铺开。

⑩ 不用摊得太薄，烘烤时面糊还会自动摊开。

⑪ 烤盘放入预热好的烤箱中层，以180℃上下火烤5~6分钟，见表面呈微黄色即可。

⑫ 取出烤好的饼干，趁微热时放在擀面杖上，折成弯形，自然放凉，饼干就成瓦片形了。

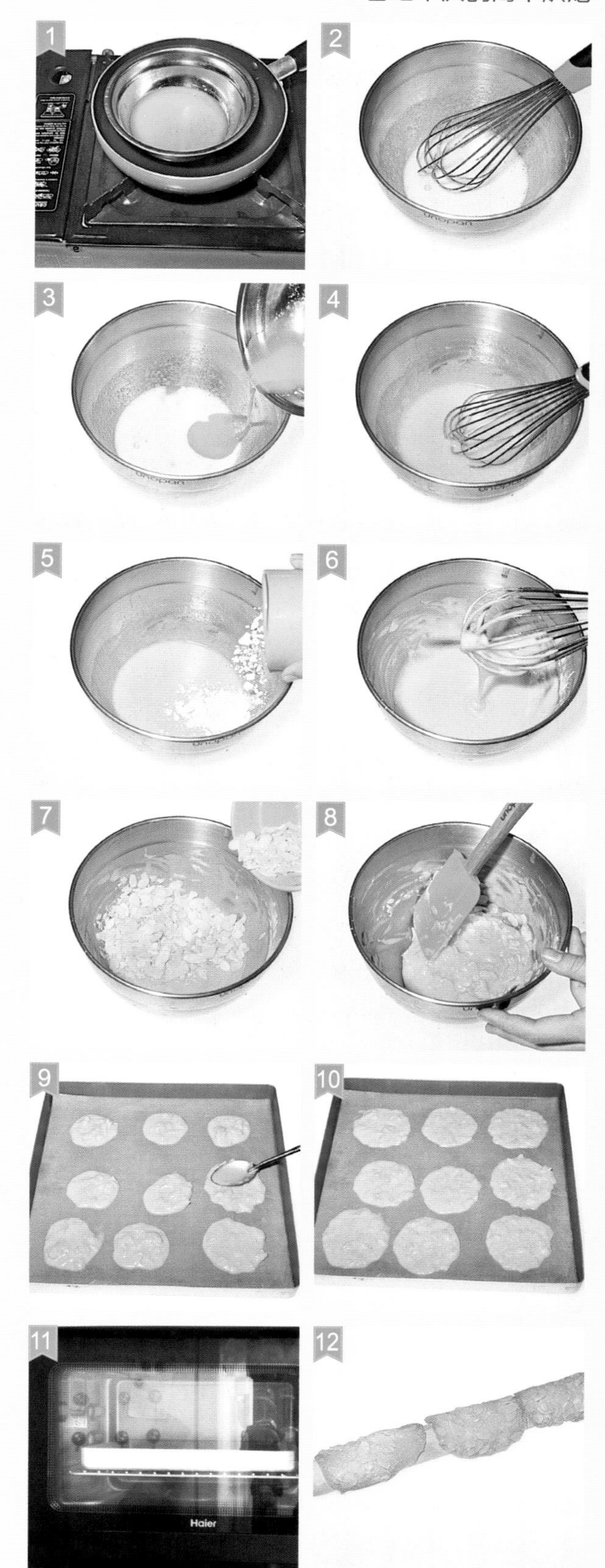

小贴士

· 杏仁瓦片酥是著名的法式点心，样子像瓦片，也像弯弓。这个配方中用到了大量的杏仁片，所以吃起来特别香脆。要注意的是这里用的杏仁并非我国本地的南北杏仁，而是去皮的美国大杏仁，一定不要搞混了。

清新水果挞

参考分量：3.5寸蛋挞4个

主要工具：电动打蛋器、塑料刮板、擀面杖、模具、刀、烤箱

材料

挞皮：黄油63克，糖粉50克，鸡蛋1个，低筋面粉125克，盐5克

馅料：猕猴桃适量，草莓2个，荔枝4个，黄桃2个，蓝莓5个，火龙果1个

做法

① 黄油提前放置室温下软化；粉类过筛。黄油软化后分两次加入糖粉搅打均匀。

② 鸡蛋打散，分2～3次将全蛋液加入黄油中，充分搅拌均匀。

③ 依次加入过筛后的面粉、盐，充分搅拌至所有材料混合均匀后揉搓成面团。

④ 将面团分割成大小均匀的小面团。

⑤ 用擀面杖擀成面片。

⑥ 放入事先准备好的蛋挞模具中。

⑦ 用拇指按压面团，使面团均匀地贴合在挞模内壁，去掉多余边角，放入冰箱冷冻1小时。

⑧ 将挞模从冰箱取出，放入预热到180℃的烤箱中层，上下火，烘烤15分钟左右。烘烤后取出放凉，冷却后将水果切小块，摆在挞皮内即可。

树莓杏仁挞

参考分量：3.5寸蛋挞4个

主要工具：打蛋器、筛子、模具、橡皮刮刀、裱花袋、擀面杖、烤箱

材料

挞皮：黄油75克，糖粉20克，鸡蛋1个，低筋面粉125克，盐10克

杏仁奶油馅：杏仁粉75克，黄油75克，白砂糖40克，鸡蛋2个，朗姆酒少许，树莓果酱少许

做法

① 黄油提前放置室温下软化；粉类过筛。黄油软化后加入糖粉、盐。

② 用打蛋器搅打均匀。鸡蛋打散，继续加入黄油中搅打均匀。

③ 将过筛后的面粉加入黄油混合物中，充分搅拌至所有材料混合均匀后揉成面团，放冰箱冷藏0.5小时，备用。

④ 黄油中依次加入杏仁粉、白砂糖、打散的鸡蛋。

⑤ 搅拌均匀后，再加入朗姆酒搅拌均匀成杏仁奶油馅。

⑥ 取出冰箱内的面团，将面团用擀面杖擀成圆形面片。用拇指按压面片，使其均匀地贴合在挞模内壁，去掉多余边角。

⑦ 在挞皮内用裱花袋挤上杏仁奶油馅。中间放上适量的树莓果酱，然后在树莓果酱上再挤一层杏仁奶油馅，按压结实。放进预热到180℃的烤箱中层，烘烤25～28分钟后出炉，脱模冷却即可。

缤纷水果挞

参考分量：12~15个

主要工具：菊花模12~15个、电动打蛋器、面粉筛、橡皮刮刀、擀面杖、裱花袋、烤箱

材料

A: 黄油125克，盐 2.5克，细砂糖100克

B: 全蛋1颗（50克），蛋黄1颗（20克），低筋面粉250克，卡仕达酱300克

做法

1 黄油切小块软化后，用电动打蛋器以低速打散。

2 加入砂糖，先手动拌匀，再低速转高速打发。

3 直至糖、油完全混合，色泽变浅白色。

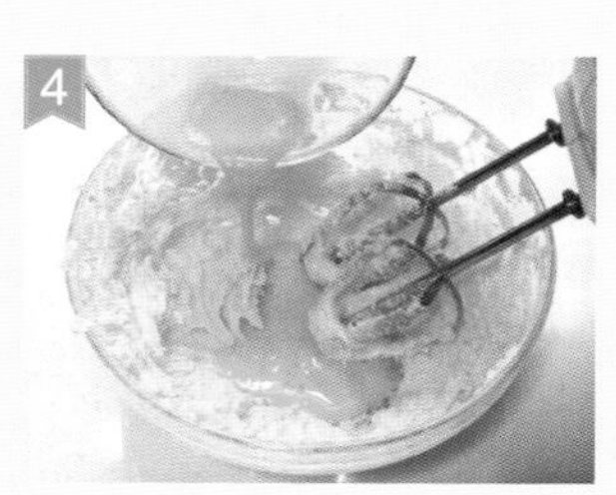

4 分两次加入蛋液，每次用中速打至完全混合。

5 直到完全看不到液体即打发好。

6 筛入低筋面粉。

7 用橡皮刮刀翻拌均匀，直至油、粉完全混合。

8 最后混合好的样子如图。

9 包上保鲜膜放入冰箱冷藏半小时至微硬。

10 取出面团擀制成约5毫米厚的面皮。

11 取菊花模在面皮上按下模印。

12 按出来的面皮如图。多余角料可重新和成团。

13 用手将面皮按成中间略薄、周围略厚的形状，排挤掉面皮和模具中间的空气。

14 在挞皮上放上蛋糕纸，再铺入重石或豆子。

15 烤箱于180℃预热，以上下火、180℃、中层烤15分钟，取出豆子和纸重新入炉烤10分钟。

16 烤好的挞放凉脱模后，用裱花袋装上卡仕达酱挤入挞皮内，再装饰上各色鲜果及果胶即可。

水果奶油泡芙

参考分量： 12个

主要工具： 手动打蛋器、裱花袋、面包刀、橡皮刮刀、菊花嘴、圆形花嘴、烤箱

小贴士

· 泡芙面糊的和制：泡芙的形成是借由加热来糊化面粉中的淀粉，以此制作出充满水分且有黏性的面糊，所以烫面粉时要不停搅拌，使面粉烫得均匀。

· 泡芙如何膨胀：泡芙烘烤时，会因面糊中的水分产生的水蒸气而形成空洞，面团会如气球般慢慢膨胀。在烘烤的过程中千万不可打开烤箱门，如果面团突然遇冷会回缩不再膨胀了。

· 泡芙中加入鸡蛋的作用：鸡蛋在面粉中起到酥松及增加水分的作用，鸡蛋用量过少，泡芙膨胀力减少，不够松化。鸡蛋用量过多，泡芙面糊过稀会造成成品塌陷。所以不要一次性加入鸡蛋，而是视面糊的状态少量多次地添加。在加入鸡蛋时需要加入室温鸡蛋，冷藏鸡蛋会降低面糊温度，使面糊中淀粉的黏性增加而变硬。

材料

泡芙面团材料：

黄油	50克
清水	100克
盐	1/4小匙
低筋面粉	60克
全蛋	2颗（约110克）

内馅材料：

动物鲜奶油	100克
细砂糖	10克
新鲜水果	适量

做法

① 将黄油软化，切成小块，和盐、清水一起放入小锅内。

② 用中小火煮至黄油化开成液态，清水沸腾。

③ 马上离火，立即加入低筋面粉。

④ 用木铲划圈搅拌，使面粉都被均匀地烫到，变成面团。

⑤ 重新开小火，加热面团以去除水分，用木铲翻动面团，直至锅底起一层薄膜，离火。

⑥ 将面团倒入大盆内，摊开散热至不烫手。将鸡蛋打散，分次少量地加入蛋液。

⑦ 每次用手动打蛋器搅打均匀。

⑧ 直至面团完全吸收了蛋液，面糊变得光滑、细致。用刮刀铲起面团呈倒三角状，但不滴落。

⑨ 将做好的面糊装入裱花袋内，用圆形花嘴在烤盘上挤出圆形。

⑩ 用蘸了凉水的餐叉将面糊表面的尖峰处压平。

⑪ 烤箱于200℃预热，以上下火、200℃、中层烤25分钟。

⑫ 最后烤好的成品，要放凉至不烫手。

⑬ 用面包刀从泡芙中间位置割开，不要割断。

⑭ 将动物鲜奶油加砂糖打至硬性发泡，装入裱花袋中，用菊花嘴挤入泡芙中，装饰水果即可。

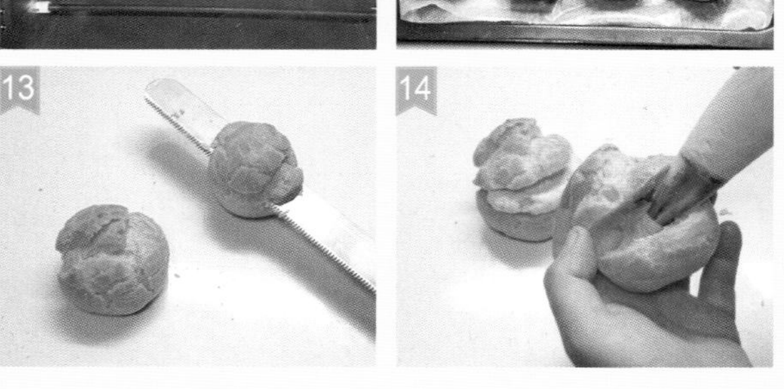

天鹅泡芙

参考分量：15个

主要工具：打蛋器、筛子、橡皮刮刀、裱花袋、裱花嘴、烤箱

材料

泡芙皮：牛奶60毫升，水160毫升，黄油120克，盐1克，低筋面粉120克，鸡蛋220克（约5个）

泡芙馅：鲜奶油适量（打发）

装饰：果酱适量，糖粉适量

做法

① 将牛奶、水、黄油、盐放入锅内煮沸。

② 黄油加热至化开后，倒入过筛后的低筋面粉，搅匀后转小火，一边加热一边搅拌，直至搅拌成均匀的、有黏性的面糊，离火冷却。

③ 面糊冷却后分2次加入打散的蛋液，搅拌至面糊呈均匀向下流的糊状时即可。

④ 制作天鹅颈部：将部分面糊装入带有裱花嘴的裱花袋中。

⑤ 在烤盘上均匀地挤出“2”字的形状。完成后放入预热好的烤箱中层，上火190℃，下火170℃，烘烤10～15分钟后出炉，放凉。

⑥ 制作天鹅身体：将剩余的面糊装入带有裱花嘴的裱花袋中，在烤盘上挤出水滴样或花瓣状完成后放入预热好的烤箱中层，上火200℃，下火180℃，烘烤25分钟左右取出，放凉。

⑦ 天鹅身体冷却后，在其侧部和底部分别戳一个小洞。

⑧ 底部安装天鹅颈部，侧部挤进鲜奶油，用果酱、糖粉装饰。

闪电泡芙

参考分量：12个

主要工具：手动打蛋器、裱花袋、面包刀、烤箱

材料

面糊：水250克，牛奶250克，黄油250克，盐10克，白砂糖15克，低筋面粉300克，鸡蛋500克

香草奶油：将香草荚 1/2根、淡奶油500克、糖粉50克一起打发至硬性。

装饰材料：淡奶油、糖粉、香草荚、糖粉、蓝莓、草莓、薄荷各适量

做法

① 水、牛奶、盐、白砂糖、黄油一起倒入锅内煮开。

② 加入低筋面粉快速搅匀，继续边搅边煮收干水分。

③ 倒入打蛋桶打至散热。

④ 鸡蛋打散，分次加入正在打发的面糊中。

⑤ 将打发好的面糊装入裱花袋，在烤盘内挤出8厘米长的条，以180℃烘烤25分钟。

⑥ 每个泡芙顶部切开，泡芙内挤入香草奶油馅。装饰新鲜水果，再撒上糖粉即可。

普拉达泡芙

参考分量：35个

主要工具：打蛋器、裱花袋、裱花嘴、橡皮刮刀、烤箱

材料

泡芙壳：	中筋面粉	150克
	黄油	125克
	水	250毫升
	鸡蛋	5个
	盐	适量
泡芙馅：	淡奶油	200克
	白砂糖	35克

做法

① 中筋面粉过筛，备用。将黄油、水和盐依次放入锅中，用小火煮沸。

② 锅中继续倒入过筛后的面粉。

③ 快速搅拌均匀至不粘锅后，关火。待温度降至40℃左右即可。

④ 将鸡蛋打散，用打蛋器搅打均匀，分次少量地倒入面粉糊中。

⑤ 搅打至提起打蛋器，面糊挂在打蛋器上，呈倒三角形往下流即可。

⑥ 将面糊装入裱花袋内。

⑦ 间隔均匀地挤在烤盘上，放入预热到200℃的烤箱中层，前10分钟上下火200℃，后20分钟上下火180℃，烤好后出炉冷却。

⑧ 淡奶油加白砂糖打至八分发后装入裱花袋。待泡芙完全冷却后，用刀子在泡芙底部挖一个小洞，用小圆孔的裱花嘴插入，挤入淡奶油即可。

1

2

3

4

5

6

7

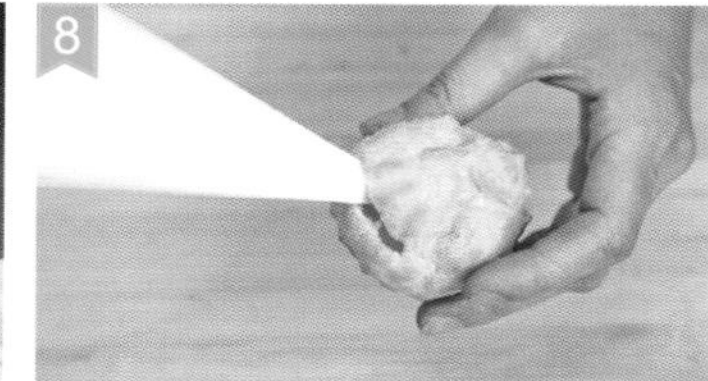
8

小桃酥

参考分量：20个

主要工具：筛子、烤箱

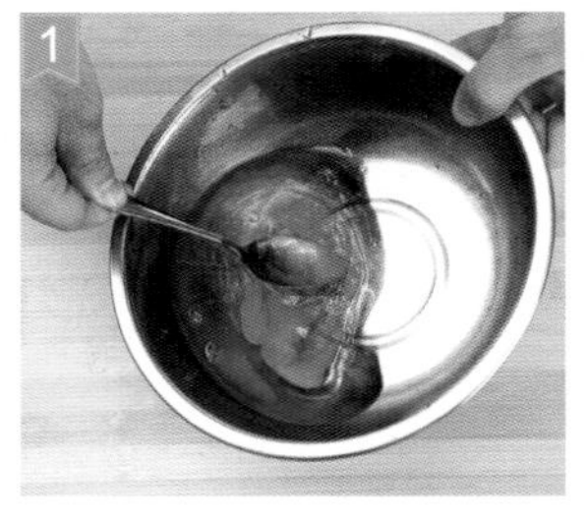

材料

中筋面粉200克，鸡蛋1个，色拉油100毫升，臭粉5克，白砂糖40克，核桃仁30克

做法

① 鸡蛋打散，将色拉油、全蛋液混合后搅打均匀。

② 将过筛的中筋面粉、白砂糖、臭粉混合后搅拌均匀。

③ 将混合均匀的粉类分次少量倒入色拉油全蛋液中。

④ 搅拌均匀，用手揉搓成湿润的面团。

⑤ 继续在面团中加入核桃仁，用手揉搓成面团。

⑥ 取一小块面团，用手揉搓成小圆球，将小圆球用大拇指压扁后，间隔整齐地放入烤盘中。放入预热到180℃的烤箱中层，上下火，烘烤15～20分钟，烤至面团表面呈金黄色即可。

手工小圆球

参考分量：50个

主要工具：打蛋器、筛子、保鲜膜、刀、烤箱

材料

低筋面粉160克，杏仁粉80克，黄油100克，糖粉70克，鸡蛋1个，盐少许

做法

① 将黄油置于室温软化，加50克糖粉和少许盐。

② 将黄油搅打成乳霜状。

③ 加入蛋黄，搅打均匀。

④ 加入过筛后的低筋面粉和杏仁粉。将面粉和黄油拌成团，用保鲜膜包好，放冰箱冷藏1小时。将面团取出，搓成长条，用刀分切成大小均匀的50份，再揉成小圆球。将小圆球摆在烤盘上。

⑤ 将烤盘放在预热到170℃的烤箱内，烘烤约15分钟，取出。将小圆饼倒入盛有糖粉的盘中，使小圆饼均匀蘸上糖粉即可。

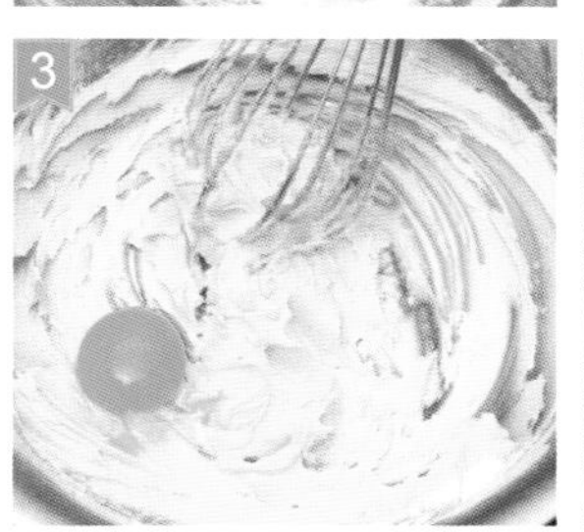

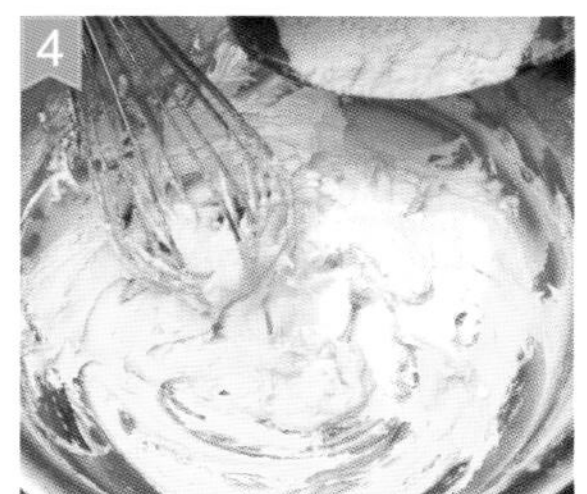

杏仁千层派

参考分量：16个

主要工具：打蛋器、尺子、刷子、烤箱

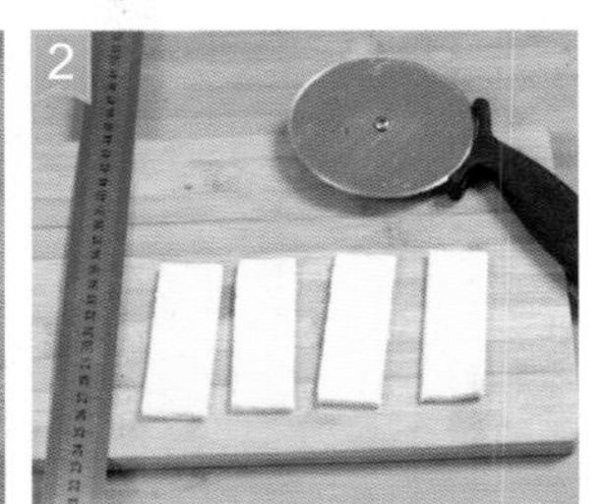

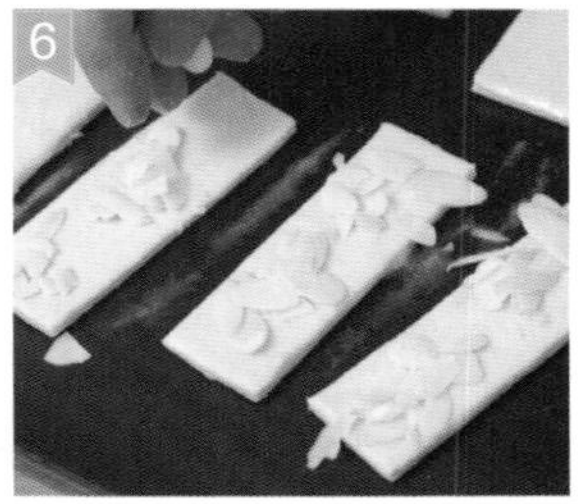

材料

千层酥皮片1个，糖粉50克，杏仁片30克，鸡蛋1个，淀粉溶液适量

做法

① 糖粉过筛，备用；蛋黄与蛋白分离，取蛋白备用。将千层酥皮片的边角切整齐。

② 将千层酥皮片均匀地切成条状。

③ 在蛋白中加入糖粉。

④ 搅拌均匀后倒入淀粉溶液，一边倒一边搅拌。

⑤ 将千层酥皮放入烤盘中，均匀地刷上搅匀的蛋白液。

⑥ 在蛋白液上撒杏仁片，放入冰箱冷藏片刻。烤箱预热至170℃，放入烤盘烤20分钟，取出后冷却即可。